国家卫生健康委员会"十四五"规划教材

全国中等卫生职业教育教材

供医学检验技术专业用

检验仪器使用与维护

第 2 版

主　编　王　迅

副主编　陈华民　朱海东

编　者　（以姓氏笔画为序）

王　迅（晋中市卫生学校）

王　婷（南阳医学高等专科学校）

朱海东（商丘医学高等专科学校）

伍绍航（珠海市卫生学校）

宋晓光（鹤壁职业技术学院）

张兴旺（甘肃省人民医院）

陈华民（海南卫生健康职业学院）

陈卓君（上海市建平中学）

原发家（晋中市卫生学校）

人民卫生出版社

·北　京·

图书在版编目（CIP）数据

检验仪器使用与维护 / 王迅主编 . —2 版 . —北京：
人民卫生出版社，2022.12（2025.1重印）

ISBN 978-7-117-34233-9

Ⅰ. ①检… Ⅱ. ①王… Ⅲ. ①医用分析仪器–使用–
医学院校–教材②医用分析仪器–维修–医学院校–教材
Ⅳ. ①TH776

中国版本图书馆 CIP 数据核字（2022）第 241814 号

| 人卫智网 | www.ipmph.com | 医学教育、学术、考试、健康，购书智慧智能综合服务平台 |
| 人卫官网 | www.pmph.com | 人卫官方资讯发布平台 |

检验仪器使用与维护
Jianyan Yiqi Shiyong yu Weihu
第 2 版

主　　编：王　迅

出版发行：人民卫生出版社（中继线 010-59780011）

地　　址：北京市朝阳区潘家园南里 19 号

邮　　编：100021

E - mail：pmph @ pmph.com

购书热线：010-59787592　010-59787584　010-65264830

印　　刷：人卫印务（北京）有限公司

经　　销：新华书店

开　　本：850×1168　1/16　印张：15

字　　数：319 千字

版　　次：2016 年 1 月第 1 版　2022 年 12 月第 2 版

印　　次：2025 年 1 月第 3 次印刷

标准书号：ISBN 978-7-117-34233-9

定　　价：59.00 元

打击盗版举报电话：010-59787491　E-mail：WQ @ pmph.com

质量问题联系电话：010-59787234　E-mail：zhiliang @ pmph.com

数字融合服务电话：4001118166　E-mail：zengzhi @ pmph.com

修订说明

为服务卫生健康事业高质量发展,满足高素质技术技能人才的培养需求,人民卫生出版社在教育部、国家卫生健康委员会的领导和支持下,按照新修订的《中华人民共和国职业教育法》实施要求,紧紧围绕落实立德树人根本任务,依据最新版《职业教育专业目录》和《中等职业学校专业教学标准》,由全国卫生健康职业教育教学指导委员会指导,经过广泛的调研论证,启动了全国中等卫生职业教育护理、医学检验技术、医学影像技术、康复技术等专业第四轮规划教材修订工作。

第四轮修订坚持以习近平新时代中国特色社会主义思想为指导,全面落实党的二十大精神进教材和《习近平新时代中国特色社会主义思想进课程教材指南》《"党的领导"相关内容进大中小学课程教材指南》等要求,突出育人宗旨、就业导向,强调德技并修、知行合一,注重中高衔接、立体建设。坚持一体化设计,提升信息化水平,精选教材内容,反映课程思政实践成果,落实岗课赛证融通综合育人,体现新知识、新技术、新工艺和新方法。

第四轮教材按照《儿童青少年学习用品近视防控卫生要求》(GB 40070—2021)进行整体设计,纸张、印刷质量以及正文用字、行空等均达到要求,更有利于学生用眼卫生和健康学习。

前　言

本教材是全国中等卫生职业教育医学检验技术专业规划教材，是根据中职医学检验技术专业的培养目标，为适应新时期中职医学检验技术专业教育的快速发展，培养现代中职医学检验技术专业人才的需求而编写。

医学检验技术的发展，要求医学检验技术人员在工作中对检验仪器的使用有很好的掌握，包括测定原理、仪器构造、性能指标、使用方法及日常维护等。因此，在中职医学检验技术专业开设检验仪器使用与维护课程很有必要。鉴于目前检验仪器的维修大多是由专业工程师来完成，故本次教材修订通过调研和慎重讨论，将书名《检验仪器使用与维修》改为《检验仪器使用与维护》。

本教材编写宗旨是"教师好教、学生好学、临床适用"。同时，积极落实党的二十大精神进教材要求，按照国家提出的德智体美劳全面培养的教育方针，围绕中职学生的特点，以实验室常用、不同专业需要、临床比较新的仪器为主线编写，重点介绍仪器的工作原理、基本构造、性能指标、使用方法和常见故障及维护。在形式上，采用模式图、仪器实物照片、线条图、知识链接及视频、思维导图等形式，使学生易于理解和掌握。在内容上，在保留了第1版教材章节基础上新增了拓展章节。每章设置了学习目标、本章小结和思考与练习等模块。教材编排符合中职教育规律，有利于学生预习、学习和复习掌握。

在编写团队建设上，由富有经验的教师和行业专家及优秀青年教师组成老中青结合的编写团队，致力于编写对接岗位、提升技能、适合中职医学检验技术专业学生使用的教材。

由于检验仪器发展迅速，加之编者水平有限，难免存在不妥和疏漏。为进一步提高本教材质量，以供再版时修正，诚恳希望各位专家、同行和广大师生提出宝贵意见。

在编写过程中，得到各位编委及所在院校大力支持，谨此表示衷心感谢！编写过程中参考了有关专著和资料，谨此向有关作者致以崇高敬意和感谢！

王　迅

2023 年 9 月

目 录

第一章 | 绪论

01章 数字资源

第一节 检验仪器与医学实验室

随着现代医学不断发展，检验医学已经不仅是单纯地辅助临床诊断，还可以通过对各种检验项目的检测结果，为临床医生和患者提供真实可靠的数据，对疾病诊断、治疗、病情检测、预后判断和健康评估发挥重要作用。近年来，随着物理学、生物化学、分子生物学、仪器材料学、电子技术、计算机等学科飞速发展，以及向生物医学和临床医学渗透，使检验分析技术得到了迅速发展。现代临床检验实验室已使用的各种先进仪器，除广泛应用自动化技术外，还运用激光、色谱分析、质谱分析、荧光分析、流式细胞术、脱氧核糖核酸（DNA）扩增技术等一系列高精尖技术手段。计算机已成为临床检验仪器的重要组成部分，加速了检验仪器自动化和现代化步伐，提高了分析速度和精度。一些仪器可一次定性或定量测定多种成分，很多仪器从进样到打印测试结果的数十道工序完全实现了自动化，能在数秒或数分钟内得到分析测试结果。许多过去不能检出的物质,现在借助新型检验仪器已能对其进行定性或定量分析测定。测试结果也从单一数据显示,发展为相关的数据统计分析和图像显示。

检验分析技术的快速发展,对从事医学检验技术的人员也提出了更高的要求。他们一方面必须有扎实的检验分析技术工作的理论基础和高超技术,另一方面又要有扎实医学理论和实践经验,这样才能正确地对各种检验结果做出合理和恰当解释,并帮助临床将这些数据正确地应用于诊断治疗和预防工作中去。

一、检验仪器在医学检验中的作用

19世纪末,显微镜检查各种染色涂片细菌的同时,还发展了各种细菌培养技术,这就构成了现代医院检验实验室雏形。当时技术比较简单,只有简单的仪器,如显微镜、离心机、恒温箱、目测比色计等。随着科学技术发展,很多新型检验仪器广泛应用于医学检验实验室,使医学检验质量得到长足发展。

(一)提高检验效率

随着生物物理技术、光电信号转化技术的发展,特别是计算机的运用,大量新型检验仪器引入实验室,逐步实现检验分析自动化、微量化和人性化,改变了工作模式,缩短了检验时间,提高了工作效率。

现代检验仪器特点有:①操作自动化,大多数检验仪器都有自动化装置,降低了工作人员劳动强度;②结果快速化,检测标本所需时间短,与手工法比较工作效率有了大幅度提高;③样本和试剂微量化,如生物化学检验手工法,一般需2~3ml试剂,自动生化分析仪仅需0.1~0.2ml,降低了检验成本;④使用安全化,如大型仪器自动开盖装置,从生物安全方面保护了工作人员。

(二)提升检验水平

实验室建设水平的高低,是一个医院医疗技术水平的标志。检验仪器是提高检验水平的保证和条件,具体表现在以下几个方面:①检验仪器广泛使用、检验项目明显增加,从早期"三大常规"、肝肾功能等少量、简单项目,发展到目前千余项检验项目,为各系统疾病临床诊断提供了丰富的、极有价值的实验诊断信息。②检验仪器发展使检验诊断水平显著提高,由简单的显微镜、光电比色计、恒温箱、离心机等设备,发展到现代化检验仪器,如流式细胞仪、聚合酶链反应(PCR)核酸扩增仪、荧光免疫分析仪等,不仅显著提高了检测敏感度和特异性,而且使医学传统的表型诊断提高到基因诊断水平。③检验仪器的发展为医疗信息标准化、国际化提供了必要条件,几乎所有的自动化检验仪器都配有计算机或计算机接口,有利于检验信息传送,为检验信息化、标准化、规范化提供了可能。

(三)保证检验质量

自动化检验仪器在实验室的应用,使传统手工检验方法成为了历史,提高了检验质量,使检验工作标准化、规范化、系统化,可显著减少随机误差,增加实验室间可比性,明显提高检验质量;现代化全自动分析仪器可以同时进行数十项甚至上百项常规和特殊项目检验,为临床医学诊断疾病、监测病情、疗效和预后判断提供了全面重要依据;自动化检验仪器多使用规范、商品化试剂盒,减少了实验室间误差,更有利于保证检验质量。

（四）推动医学检验发展

近年来,实验室医学成为现代医学中发展最快的学科之一。检验项目的不断拓展,检验效率与检验结果准确性的提高,成为临床医学诊断疾病、监测病情、判断预后不可或缺的重要手段。因此,未来医学实验室发展离不开检验仪器的不断更新,只有及时调整和更新实验室技术和仪器,才能保证实验室先进水平,充分满足临床医学的需要,构筑临床医学与实验室医学良好互动。

二、检验仪器分类

目前检验仪器种类繁杂,用途不一,分类比较困难。有人主张以方法进行分类,有人主张以工作原理进行分类,也有人主张按仪器功能进行分类,无论哪种分类方法都各有利弊。本书根据仪器功能和临床应用习惯,将其分为基础检验仪器（第二章和第三章）、专业检验仪器（第四章至第十一章）和新技术检测仪器（第十二章）三大类。

（一）基础检验仪器

基础检验仪器是指实验室最基本的检验仪器,包括显微镜、移液器、离心机、电热恒温水浴箱、高压蒸汽灭菌器、恒温干燥箱及光谱分析仪等。

（二）专业检验仪器

专业检验仪器是指医学实验室中根据专业检测性质不同设计的仪器,分为以下几类:

1. 与血液检验有关仪器　如血细胞分析仪、血液凝固仪、血液流变学分析仪、血液黏度仪、自动血沉分析仪等。

2. 与尿液检验有关仪器　如尿液干化学分析仪、尿液有形成分分析仪。

3. 与生物化学分析相关仪器　包括自动生化分析仪、电泳分析仪、电解质分析仪、血气分析仪等。

4. 与细胞分子生物学技术相关仪器　如流式细胞仪、PCR 核酸扩增仪。

5. 与微生物检验有关仪器　如生物安全柜、培养箱、自动血液培养仪、自动微生物鉴定与药敏分析系统等。

6. 与免疫检验相关仪器　如酶免疫分析仪、化学发光免疫分析仪、免疫浊度分析仪、放射免疫分析仪等。

（三）新技术检测仪器

新技术检测仪器包括全自动 DNA 测序仪、全自动蛋白质测序仪、生物芯片检测系统、色谱仪和质谱仪。

目前，在临床检验中，还常常联合使用不同类别检验仪器，成为多机联用检验流水线，进一步提高临床服务质量和效果。

三、检验仪器特点

科学技术的快速发展加速了临床检验仪器现代化步伐，检验仪器自动化、智能化程度越来越高，高新技术应用越来越多，现代临床检验仪器大致特点有以下六点：

（一）多领域技术结合、高新技术密集

临床检验仪器是多领域、多学科技术的结合结果，涉及物理学、化学、分子生物学、免疫学、微电子技术、计算机技术以及其他学科。如现代临床检验实验室中的荧光分析、色谱分析、质谱分析、流式细胞术、DNA 扩增技术以及多机联用技术，都综合应用了多领域多学科高新技术。

（二）仪器自动化、智能化程度越来越高，功能更强大

越来越多的自动化智能化仪器，取代了以前的手工操作，提高了工作效率和分析质量。有些仪器从进样到打印结果，完全实现自动化，数秒钟或数分钟即可完成。

（三）检测多元化、样品微量化

现代检验仪器可以完成的检验项目越来越多，一些仪器可一次定性、定量测定多种成分，分析结果也从单一数据显示，发展为相关数据统计分析和图像显示。

（四）仪器小型化、功能多样化

体积更小、功能更多、操作更简单，便携式仪器不断涌现，床旁检验和现场检验更为方便，对于及早诊断、疗程监控具有重要意义。

（五）仪器对维护、使用要求更高

检验仪器高精度、高分辨率，以及某些部件的特殊要求，使一些检验仪器对使用环境有一定要求，对使用、维护人员专业素质也提出了更高的要求。

（六）满足临床精度高的要求

临床检验仪器是用来检测某些组织、细胞、体液的存在与组成、结构以及特性，并给出定性或定量分析结果，检验仪器多属于较精密的仪器，要求精度非常高。

第二节　常用检验仪器性能指标与维护

一、常用检验仪器性能指标

检验仪器种类多样，仪器性能评价标准不完全相同，以下介绍几个常用性能指标：

（一）灵敏度

灵敏度是指某种测定方法,在一定条件下被测物质的浓度或含量改变一个单位时所引起测量信号变化。通常用产生某一响应信号值时所需被测物质的含量来表示,此时所需被测物质的量越少,灵敏度越高,说明仪器对样品反应能力越强。仪器灵敏度越高能够检测的样品含量就越低,要注意提高灵敏度时噪声和外界干扰的影响。

影响灵敏度的因素很多,灵敏度高低主要取决于仪器性能和待测物质性质,也与实验条件选择有关。因此,在实际工作中,应注意优化实验条件,提高分析灵敏度。

（二）误差与准确度

误差是指测量值与真实值之间的差异。由于仪器、实验条件、环境等因素限制,测量不可能无限精确,物理量测量值与客观存在真实值之间总会存在着一定的差异,这种差异就是测量误差。误差是只能减小而不能消除的。

准确度是指仪器检测值与真值(通常用标准品的标示值)符合程度,表示测量误差的可能性。准确度高低用误差来衡量。仪器准确度应该用权威机构或者行业公认标准品进行评价,即仪器实际测量结果与标准品标示值比较来计算误差。有些仪器的准确度也可通过传统的回收实验进行评价。仪器检测结果的准确度通常是衡量仪器的重要性能指标。

（三）精确度（简称精度）

精确度是指检测值偏离真值的程度,是对仪器检测可靠程度或检测结果可靠程度的一种评价,是仪器测定值随机误差和系统误差的综合反应。精确度包含精密度、正确度。

1. 精密度　是在规定条件下进行多次检测时,所得检测结果间彼此接近的程度。精密度是对仪器随机误差大小的评价,常以标准差来表示。随机误差愈小,测量值分布越密集,标准差就越小,测量精密度越高。

2. 正确度（真实度）　是指仪器对同一被测物进行多次测试结果的平均值与被测物真值相接近的程度,是检测仪器实际测量与理想测量值的符合程度,是对仪器系统误差大小的评价。正确度常以偏倚(系统误差的总和)来表示,偏倚越大测量正确度就越差。

3. 正确度和精密度的关系　两者是检验仪器精度的两个不同指标,前者表示仪器实际检测曲线偏离理想检测曲线的程度;后者则表示仪器实际检测曲线对其平均值的分散程度,即工作的精细程度或可靠程度。任何检验仪器必须有足够的精密度,而正确度不一定要求很高,因为首先要保证仪器工作可靠,而正确度可以通过调整或加入修正量来校准。正确度和精密度的综合构成了检验仪器的精度。

（四）噪声

噪声是指在不加入被检样品时(即输入为零),仪器输出信号的波动或变化范围。一般用单位时间内测得信号的单方向变化幅值标示。引起噪声的主要原因有:外界因素干扰,如电网波动、周围电场或磁场的影响、环境条件(温度、湿度、压强)变化等;仪器内部因素影响,如仪器内部温度变化、元器件不稳定等。噪声表现形式有抖动、起伏或漂移三种。噪声会影响检测结果的准确性,应尽量减小。

（五）重复性

重复性是指相同条件下,多次测量同一样本、同一指标所测结果之间的符合程度,即测量结果的精密度。通常不同的仪器对测量结果的精密度都有具体规定和要求。

（六）可靠性

可靠性是反映仪器耐用程度的一项综合指标。衡量可靠性的指标主要有平均无故障时间、故障率或失效率、可信任概率(P)。

平均无故障时间:是指若干次(或者若干台)仪器无故障时间的平均值。无故障时间是指仪器在标准工作条件下,工作到发生故障失去工作能力时所工作的时间。

故障率或失效率:是指平均无故障时间的倒数。例如某仪器的失效率为 0.03%kh,即说明若有一万台仪器工作 1 000h 后,只可能有 3 台仪器会出现故障。

可信任概率(P):是由于元件参数的渐变使得仪器仪表误差在给定的时间内仍然保持在技术条件规定限度以内的概率。P 越大,说明仪器的可靠性越高,仪器成本也将越高。

（七）线性范围

线性范围是指测定成分的含量与测定结果之间符合线性关系的范围。线性范围越宽,能够测量的浓度(含量)范围越大。仪器在线性范围内测量通常可以保证较好的灵敏度和准确度。因此,在实际工作中应该熟悉仪器检测时的线性范围。

（八）测量范围和示值范围

测量范围是指在允许误差极限内仪器所能测出被检测值的范围。检测仪器所指示的被检测值称为示值。从仪器所显示的最小值到最大值范围称为示值范围。

（九）分辨率

分辨率是指仪器设备能够感觉、识别或探测的输入量(或者能产生、能响应的输出量)的最小值。分辨率是仪器设备的一个重要的技术指标,它与精确度紧密相关,要提高检验仪器的检测精确度,必须相应提高其分辨率。

（十）响应时间

响应时间是指从被检测量发生变化到仪器给出正确示值所经历的时间。目前多采用的是仪器从零点达到稳定指示值 90% 所经历的时间(亦称时间常数)。

（十一）频率响应时间

频率响应时间是指为了获得足够精度输出响应,仪器所允许输入信号的频率范围。频率响应特性决定了被检测的频率范围,频率响应高,被检测物质的频率范围就宽。

二、常用检验仪器维护

仪器维护分为一般性维护和特殊性维护。一般性维护工作是指具有共性的、几乎所有仪器都需注意的问题,主要有以下几方面:

（一）一般性维护

一般性维护包括环境要求、电源要求和使用要求。

1. 环境要求　环境因素对仪器的测量结果、稳定性和寿命等都会造成影响，使用过程中应注意以下几方面：①放置要求，仪器应置于牢固平稳的工作台上，防止震动的影响，仪器周围有足够的操作空间。②温度要求，仪器运行与正常工作通常要在适宜温度范围内，实验室温度条件应符合仪器的工作要求，必要时应配置空调等恒温设备。③湿度要求，有些仪器对环境湿度有具体要求，应注意实验室湿度条件，必要时配置恒湿设备。仪器内部放有的干燥剂应定期检查、及时处理、更换干燥剂。仪器长期不用时，应定期开机通电防潮。④清洁度要求，仪器工作环境应空气清洁，避免灰尘、水汽、腐蚀性气体影响。需要时，应用良好的排风系统。⑤避免干扰，仪器应避免强磁场、强电场干扰，有的仪器还要注意噪声、直射光线以及强对流空气（如电扇或空调直吹）的影响。

2. 电源要求　电压波动较大时可能超出仪器允许范围，影响仪器安全运行和测试结果，应根据具体情况配置稳压电源；为防止仪器、计算机等工作中突然停电造成损坏或数据丢失，应配用不间断电源；并且保证实验室电源一定接地良好。

3. 使用要求　操作人员应按规定参加上岗培训，认真阅读仪器说明书，熟悉仪器性能，严格按照操作规程正确使用，使仪器保持良好运行状态。

要求操作者使用仪器时做好仪器使用、保养与维护情况记录，按照规定要求进行仪器定期维护保养。

（二）特殊性维护

特殊性维护主要是针对检验仪器所具有的特点而言，由于各种仪器有各自特点，在此介绍一些典型、有代表性的维护工作。

1. 光电转换原件与光学元件　如光电源、光电管、光电倍增管等，在存放和工作时均应避光，因为它们受强光照射易老化、使用寿命缩短、灵敏度降低，情况严重时甚至会损坏这些元件。同时，应定期用柔软毛刷清扫光路系统灰尘，用蘸有无水乙醇的纱布擦拭滤光片等光学元件。

2. 定标电池　如果仪器中有定标电池，最好每6个月检查一次，如果电压不符合要求则予以更换，否则会影响测量准确度。

3. 机械传动装置　仪器机械传动装置活动摩擦面需定期清洗，加润滑油，以延缓磨损或减小阻力。

4. 管道系统　检验仪器管道较多，构成管道系统的元件也较多，分为气路和液路，但它们都要密封、通畅，因此对样品、稀释液、标准液的要求比较高，应定期冲洗，污染严重的需更换管路。

三、常用检验仪器选用

选用检验仪器标准应着眼于全面质量。全面质量是指仪器精确度和性价比总体评价，或者通过用户满意度调查获得的总体评价，一般可以从以下几方面考虑：

（一）性能要求

要求仪器精度等级高、稳定性好、灵敏度高、噪声小、检测范围宽、检测参数多等。要注意选购公认的品牌，最好是有标准化系统可溯源的机型。

（二）功能要求

要求仪器应用范围广、检测速度快、结果准确可靠、重复性好，有一定的前瞻性；用户操作程序界面全中文显示，操作简便快捷。

（三）售后要求

要求所选仪器公司实力强，售后维修服务良好，国内有配套试剂盒供应，能提供及时快捷的上门维修服务。

（四）使用单位要求

选择仪器要和单位规模相适宜，特别是仪器的速度和档次；要有前瞻性，至少要考虑近三年的发展速度；考虑科研需要；考虑单位财力情况，不可过高、过大、过度超前选择仪器。

第三节　现代医学检验仪器展望

21 世纪，临床检验技术快速更新，高科技含量迅速增加，仪器向更加自动化、智能化、一机多能化方向发展，主要发展趋势体现在以下几个方面：①多用户共享高科技仪器成果，计算机技术和通信技术相结合而发展的计算机网络渗透到医学实验室中，形成了多用户共享的实验仪器；②适应市场两极化发展，随着微电子技术和电极技术进一步发展，临床检验仪器正朝着集大型机处理能力和小型机应变能力于一身，人性化、超小型、多功能、低价格、更新换代快、床旁和家庭型的方向迈进；③模块化组合设计功能扩展，模块化设计使得一套联用仪器可测定多重检验项目，同时还可以按需要增添各种部件，扩展其功能；④仪器设计人性化，自动化水平和智能化程度高；⑤仪器小型化，更多功能、更全面、小型便携式检验仪器不断涌现，如小型血糖仪已进入家庭，可随时监测血糖，方便床旁检验和现场检验；⑥现代分子生物技术的应用，生物诊断芯片和生物传感器的应用，相应的检验仪器也在不断出现和发展。

总之，未来检验医学将从被动病后诊断检验的"过去时"向主动病前预防检验的"将来时"转化，自动化、模块化、微量化、人性化、个性化以及小型便捷化是未来几年临床检验仪器的发展方向。

（王　迅）

思考与练习

简答题：

1. 检验仪器在医学检验中的作用有哪些?

2. 检验仪器分为哪几类?

3. 检验仪器主要性能指标有哪些?

4. 如何维护检验仪器?

5. 学习检验仪器有什么意义?

思维导图

第二章 | 常见实验室仪器

02章 数字资源

知识目标:

1. 掌握显微镜、离心机、移液器、电热恒温干燥箱、高压蒸汽灭菌器和电热恒温水浴箱的基本结构、使用和维护。

2. 熟悉显微镜、离心机、移液器、电热恒温干燥箱、高压蒸汽灭菌器和电热恒温水浴箱的分类、工作原理。

3. 了解显微镜、离心机、移液器、电热恒温干燥箱、高压蒸汽灭菌器和电热恒温水浴箱的常见故障及排除。

能力目标:

1. 学会显微镜、离心机、移液器、电热恒温干燥箱、高压蒸汽灭菌器和电热恒温水浴箱的使用方法。

2. 说出显微镜、离心机、移液器、电热恒温干燥箱、高压蒸汽灭菌器和电热恒温水浴箱的基本维护与故障排除。

素质目标:

1. 养成科学严谨的工作作风和精益求精的职业素养。

2. 具备生物安全和用电安全意识。

　　常见医学实验室基础仪器包括显微镜、移液器、电热恒温水浴箱、电动离心机、电热恒温干燥箱、高压蒸汽灭菌器等。基础仪器可用于多学科实验,是在基层医学实验室中使用较广的设备。本章主要介绍基础仪器的工作原理、基本结构、仪器类型及应用和仪器的使用与维护等相关知识。

第一节　显　微　镜

　　显微镜诞生至今已有 300 多年历史,显微镜发展大致可分为三代:第一代为光学显微镜;第二代为电子显微镜;第三代为扫描隧道显微镜。

　　显微镜是血液、尿液、精液、脑脊液、粪便等生物检材的形态学检查中必需的仪器之一。

 知识链接

显微镜的历史

　　最早的显微镜是 16 世纪末期在荷兰制造出来的,发明者是荷兰眼镜商亚斯·詹森和另一位荷兰科学家汉斯·利珀希。他们用两片透镜制作了简易显微镜,但并没有用这些仪器做过任何重要的观察。

　　第一位开始在科学上使用显微镜的是意大利科学家伽利略,他使用显微镜观察一种昆虫后,对它的复眼进行了描述。第二位是荷兰亚麻织品商人列文·虎克,他自己学会了磨制透镜,他描述了许多肉眼看不见的微小植物和动物。

　　1931 年,恩斯特·鲁斯卡通过研制电子显微镜,使科学家能观察到百万分之一毫米的物体,于 1986 年获诺贝尔物理学奖。

一、光学显微镜工作原理与基本结构

（一）光学显微镜工作原理

　　光学显微镜是利用光学原理,把肉眼不能分辨的微小物体放大成像,供观察者观察物体细微结构的光学仪器。显微镜是由两组会聚透镜组成的光学折射成像系统,把焦距较短、靠近观察物、成实像的透镜组称为物镜;而焦距较长、靠近眼睛、成虚像的透镜组称为目镜。被观察物体位于物镜前方,被物镜作第一级放大后成一倒立的实像,然后此实像再被目镜第二级放大,得到最大放大效果的倒立虚像,位于肉眼明视距离处。其光学成像原理如图 2-1 所示。

（二）光学显微镜基本结构

　　光学显微镜结构包括光学系统和机械系统两部分（图 2-2）。光学系统是显微镜的主体部分,包括物镜、目镜、聚光镜及光阑等。机械系统是保证光学系统正常成像所配置,主要由镜座、镜臂、载物台、镜筒、物镜转换器和调节装置等部分组成。

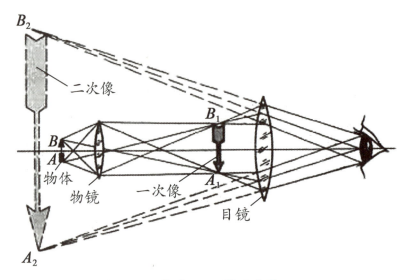

图 2-1　光学显微镜的成像原理

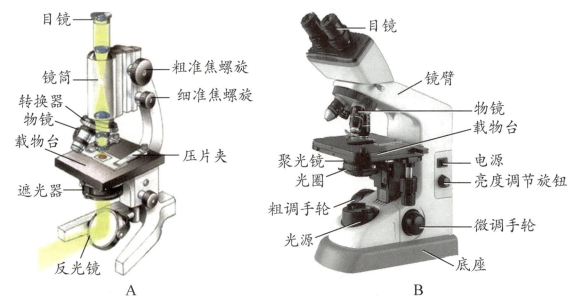

图 2-2　普通光学显微镜基本结构
A. 自然光源；B. 电光源。

1. 光学系统

（1）物镜：物镜是显微镜中最重要和最复杂的部分，被称为显微镜心脏，其性能直接关系到显微镜成像质量和技术性能。物镜由许多块透镜集成在金属圆筒内组成，根据镜头和标本之间介质性质不同，物镜可分为干燥系物镜和油浸系物镜。干燥系物镜是指物镜和标本之间介质是空气（折光率 $n=1$），包括低倍镜和高倍镜两种。油浸系物镜是指物镜和标本之间介质是一种和玻璃折光率（$n=1.52$）相近的香柏油（$n=1.515$），这种物镜也称为油镜。油镜镜头上一般刻有 $100\times$、1.25 或 "oil" 等字样。

物镜放大倍数都标在镜头上，常用低倍镜为 $4\times$、$10\times$、$20\times$；高倍镜为 $40\times$；油镜为 $100\times$（老式显微镜高倍镜还有 $45\times$，油镜有 $90\times$）。

（2）目镜：目镜要在窄光束、大视场条件下与物镜配合使用，其结构相对于物镜要简单些，通常由2~3组透镜组成。其中目镜筒上端靠近眼睛的透镜（组）称为接目镜，下端靠近视野的透镜（组）起主放大作用，称为视野透镜。实验室中常用目镜放大倍数为10×。物像放大倍数是目镜放大倍数与物镜放大倍数的乘积，如物镜为40×、目镜为10×，放大倍数为400倍。

（3）聚光镜：聚光镜又名聚光器，一般由2~3块透镜组成，作用是汇聚从光源射来的光线，集合成光束，以增强照明光度，然后经过标本射入物镜中。利用升降调节螺旋可以调节光线强弱。

（4）光阑：光阑是装在聚光镜下方近光源处有可变孔径的装置。它能连续而迅速改变口径，光阑越大，通过的光束越粗，光量越多。使用高倍物镜观察时，应开大光阑，使视野明亮；如果观察活体标本或未染色标本时，应缩小光阑，以增加物体明暗对比度，便于观察。

2. 机械系统

（1）镜座：镜座是显微镜的基座，位于显微镜最底部，多呈马蹄形、三角形、圆形或丁字形，保持显微镜在不同工作状态下平稳。

（2）镜筒：镜筒是连接目镜和物镜的金属空心圆筒。上端接目镜，下端与转换器相连，保证光路畅通且不使光亮度减弱。镜筒有单目、双目和三目三种，长度一般为160mm。

（3）物镜转换器：物镜转换器位于镜筒下端，其上装有3~4个不同放大倍数物镜镜头，可以随时转换物镜与相应目镜构成一组光学系统，是显微镜机械装置中结构复杂、精度要求最高的部件。使用人员在更换物镜时，应转动物镜转换器，而不能用力扳动安装在转换器下部的物镜镜头。

（4）载物台：载物台是放置被检标本的平台，一般方形载物台上装有标本移动器（也叫推进器或移动手柄，拔片移动方向与物像移动方向正好相反），转动螺旋可使标本前后、左右移动。有些显微镜在移动器上装有游标尺，构成精密的平面直角坐标系，以便固定标本位置重复观察。

（5）调焦装置：调焦装置包括粗、细调焦旋钮（也叫粗、细螺旋钮）。一般粗调焦旋钮做粗调焦距，使用低倍物镜时，仅用粗调便可获得清晰的物像；当使用高倍镜和油镜时，用粗调焦旋钮找到物像，再用细调焦旋钮调节焦距，才能获得清晰的物像。细调焦旋钮每转一圈，载物台上升或下降0.1mm。

（三）光学显微镜性能参数

光学显微镜性能参数包括光学成像方面参数和机械调节技术参数。

1. 放大率　放大率是指物体经物镜、目镜两次成像后眼睛所能看到像的大小与原物体大小的比值。一般来说，显微镜放大率等于物镜放大率和目镜放大率的乘积，常记作 M。

$$M=maq$$

式中，M 为显微镜总放大倍数；m 是物镜放大倍数；a 是目镜放大倍数；q 为双目镜显微镜中所增设棱镜产生的放大倍数，一般取值为 1.6 倍（单目显微镜 q 值为 1）。显微镜总放大倍数不超过 1 600 倍。

显微镜放大率还可用位置放大率来表示。由于显微镜物镜的物距接近其物镜焦距 f_1，最后成像于目镜第一焦点 f_2 附近，而焦距 f_1 和 f_2 相对于镜筒长度 L 较小，故可近似将第一次成像像距（Δ）看作显微镜的镜筒长度。常用以下公式来近似估计 M：

$$M=\frac{250Lq}{f_1f_2}$$

由此可见，显微镜放大率与镜筒长度成正比，与物镜和目镜焦距成反比。在实际观察时，常用目镜放大倍数与物镜放大倍数的乘积表示 M。如物镜为 40×，目镜为 10×，则放大倍数为 400 倍。

2. 数值孔径　数值孔径（NA）即镜口率，是衡量显微镜性能的重要技术参数（图 2-3）。组成光学显微镜的透镜都有一定数值的孔径，用来限制可以成像的光束截面。数值孔径是样品与透镜间媒质折射率（n）与物镜孔径角一半（β）的正弦值乘积。即

$$NA=n\sin\beta$$

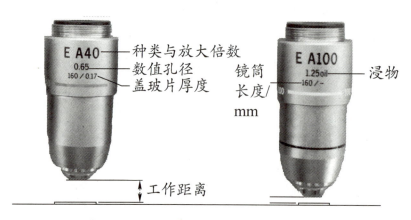

图 2-3　显微镜数值孔径与工作距离

物镜的数值孔径范围在 0.05~1.40，为确保物镜数值孔径充分发挥其性能，聚光镜数值孔径应大于或等于物镜数值孔径。

3. 分辨率　分辨率又称分辨本领，是指能够分辨出的相邻两个物点间的最小距离，这种距离称为分辨距离。是分辨物体微细结构的能力。也是衡量显微镜质量的重要技术参数之一。由物镜数值孔径和照明光线波长所决定，以分辨距离 δ 来表示。即

$$\delta=\frac{0.61\lambda}{NA}$$

式中，δ：分辨距离；λ：光波波长（通常为 550nm）；NA：物镜数值孔径。

分辨距离越小，表示分辨率越高，即性能越好。

4. 视场　视场是指通过显微镜所能看到的成像空间范围,又称为视野。由于被目镜视场光阑局限成圆形,因此用该圆形视场直径 d 来衡量视场大小。d 取决于物镜倍数及目镜光阑大小,大光阑和小放大倍数可获得较大的视野。当视野中不能容放整个标本时,在观察标本时应通过载物台移动调节装置对标本进行分区观察。

5. 景深　景深是指当显微镜调焦于某一物平面(清晰成像)时,观察者仍能清楚地看到位于其前或后的物平面,前后两平面之间的距离称为景深又称焦点深度。它与放大率和数值孔径成反比。

6. 镜像清晰度　镜像清晰度是指放大后的图像轮廓清晰、衬度适中的程度,与光学系统设计和制作精度有关,也与使用方法是否正确有关。

7. 镜像亮度　镜像亮度是指显微镜图像的亮度,以观察时既不感到疲劳又不感到耀眼为最佳。高倍率工作条件下的显微摄影、暗场、偏光等需要足够的亮度。

8. 工作距离　工作距离又称物距,是指从物镜前透镜表面中心到被观察标本之间的距离,与物镜数值孔径有关,数值孔径越大,工作距离越小(图 12-3)。

二、常用光学显微镜

光学显微镜多数情况是按用途来分类,有双目显微镜、荧光显微镜、相衬显微镜、倒置显微镜、暗视野显微镜、紫外光显微镜、偏光显微镜、激光扫描共聚焦显微镜、干涉相衬显微镜、近场扫描光学显微镜等。

(一)双目生物显微镜

目前临床检验工作中,最常使用双目显微镜(图 2-4),其结构是利用一组复合棱镜把透过物镜后的光束分成强度相同的两束而形成两个中间像,分别再由左右目镜放大,双目显微镜必须满足分光后两束光的光程必须相同和两束光的光强度大小一致这两个基本条件。

在调节棱镜组间距和目镜间距时会破坏显微镜光学成像条件,为此,在双目显微镜镜筒上需要设置筒长补偿装置。一般在目镜筒上有刻度尺,只要选定和瞳孔距离滑度板刻度数相符合的数值即可补偿。先进的双目显微镜能够进行自动补偿,而且会考虑根据使用者两只眼睛屈光度不同再进行屈光度调节。

(二)荧光显微镜

荧光显微镜是以紫外线为光源来激发生物标本中的荧光物质,产生能观察到的各种颜色

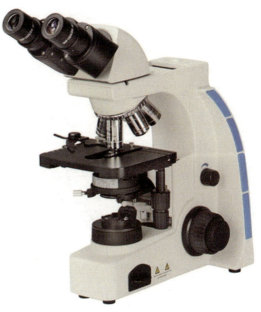

图 2-4　双目生物显微镜

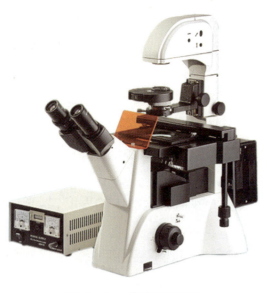

图 2-5　荧光显微镜

荧光的一种光学显微镜（图 2-5），是医学检验重要仪器之一。荧光显微镜由光源、滤色系统和光学系统（包括物镜、目镜、聚光镜、反光镜）等主要部件组成。荧光显微镜与普通光学显微镜结构基本相同，主要区别在于光源与滤光片不同。

1. 光源　光源通常采用高压汞灯作为光源，可发出紫外线和短波长可见光。

2. 滤光片　滤光片包括两组，第一组称激发滤光片，位于标本和光源之间，它仅允许能激发标本产生荧光的光通过（如紫外线）；第二组是阻断滤光片，位于标本与目镜之间，可把剩余紫外线吸收掉，只让激发的荧光通过，有利于增强反差，同时保护眼睛免受紫外线伤害。

荧光显微镜优点是便于操作，视野照明均匀，成像清晰，灵敏度高，放大倍数越大荧光越强。

荧光显微镜既可以观察固定的切片标本，又可以进行活体染色观察，通常用于检测与荧光染料共价结合的特殊蛋白质或其他分子，可以用于观察活细胞内物质的吸收与运输、化学物质的分布与定位等。荧光显微镜也适用于不透明及半透明标本的直接观察，如厚片、滤膜、菌落、组织培养等标本的观察。

（三）相衬显微镜

相衬显微镜是在普通光学显微镜基础上增加了两个部件：在聚光镜上加了一个环状光阑，在物镜后焦面加了一个相位板，从而使看不到的相位差变成以明暗表示的振幅差。相衬显微镜其他结构与普通光学显微镜差别不大（图 2-6）。

在人的视觉中，可见光波长及频率的变化，表现为颜色的不同，振幅变化表现为明暗不同，而相位变化肉眼是看不到的。当光透过透明的活细胞时，虽然细胞内部的结构厚度不同，但波长和振幅几乎没有变化，仅相位发生了变化，这种相位差肉眼无法观察。相衬显微镜通过改变这种相位差，并利用光衍射和干涉现象，把相位差变为振幅差来观察活细胞和未染色标本。

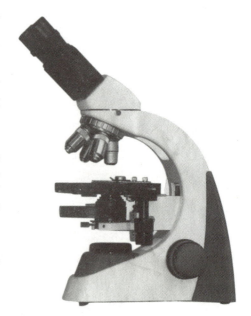

图 2-6　相衬显微镜

（四）倒置显微镜

倒置显微镜又称为生物培养显微镜（图2-7）。在观察活体标本时，须把照明系统放在载物台及标本之上，而把物镜组放在载物台器皿下进行显微镜放大成像，这种类型显微镜称倒置显微镜。由于受工作条件限制，其物镜放大倍数一般不超过40倍。该类显微镜通常配有摄影（像）装置，可用于观察生长在培养皿底部的细胞状态。

（五）暗视野显微镜

暗视野显微镜是根据光学中丁铎尔（Tyndall）现象原理设计的显微镜，可用于研究活细胞形态和运动。

暗视野显微镜与普通光学显微镜区别在于聚光镜不同（图2-8）。这种特殊聚光镜，使主照明光线成一定角度斜射在标本上而不能进入物镜，所以是暗视野，只有经过标本散射的光线才能进入物镜被放大，在黑暗背景中呈现明亮的像。显示的图像只是物体的轮廓，分辨不清物体内部的细微结构。但是这种照明方法能提高肉眼对微小物体的识别能力，可用来观察小于0.1μm的物体，这是其他光学显微镜观测不出来的。暗视野显微镜还可以用来观察活细胞的运动。

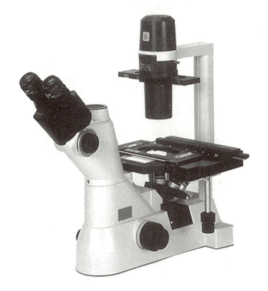
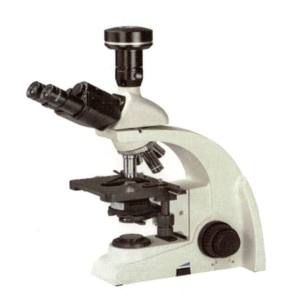

图2-7　倒置显微镜　　　　　图2-8　暗视野显微镜

（六）其他类型显微镜

在生命科学与医学研究工作中经常要用到其他类型显微镜：①紫外光显微镜是利用紫外光源可以明显提高显微镜分辨率，可用来研究单个细胞的组成和变化情况等；②偏光显微镜是利用光的偏振特性，对具有双折射性（即可以使一束入射光经折射后分成两束折射光）的晶态、液晶态物质进行观察和研究，如细胞中的纤维丝、纺锤体、胶原、染色体等；③干涉相衬显微镜有四个特殊的光学组件，包括偏振器、棱镜、滑行器和检偏器，可用来观察细胞中的细胞器，如细胞核、线粒体等，立体感特别强，适合应用于显微操作技术；④激光扫描共聚焦显微镜利用单色激光扫描束经过照明针孔形成点光源对标本内焦平面上的每一点进行扫描,标本上的被照射点在检测器检测针孔处成像,可观察和分析细胞的三维空间结构;⑤近场扫描光学显微镜将一个特制微探头移近样品使它在给定时间内只能"看见"截面直径小于波长的很小部分,通过扫描探头巡视整个样品,最后整合成一幅完整的图像,可将光学显微镜的分辨率提高5~10倍,可用于研究活体中的病毒和染色体等物质的结构和形态。

 知识链接

丁铎尔现象(又称丁达尔效应)

英国物理学家约翰·丁铎尔(John Tyndall, 1820—1893),1869年首次发现和研究了胶体中的丁铎尔现象(又称丁达尔效应)。

丁铎尔现象就是光的散射现象或称乳光现象。胶体粒子的分散相粒径为1~100nm。小于可见光波长(400~700nm),当可见光透过胶体时会产生明显的散射作用。所以说,胶体能有丁铎尔现象,而溶液几乎没有,可以采用丁铎尔现象来区分胶体和溶液。

自然界中丁铎尔现象是十分普遍的。我们抬头仰望,看到蔚蓝的天空。这是由于在天空中浮游着许多尘埃和小水滴,可视为气溶胶,天空背后是漆黑的宇宙空间,所以,看到的是被天空散射的光——呈蔚蓝色。而如果直对太阳望去,则看到的是透过光,是橙红色的太阳;我们观察到烟雾是淡蓝色的,大海是蓝色的,这些均是由于丁铎尔现象所造成的。

三、光学显微镜使用与维护

显微镜是一种精密的光电一体化仪器,只有科学正确地使用,才能发挥它的功能,延长其使用寿命。在使用时要加强维护才能使仪器保持长久良好的工作状态。

(一)光学显微镜使用

1. 放置　显微镜应放置在稳定台面上稍偏左的位置,镜座距离台边6~7cm。带光源显微镜要正确连接接地良好的电源;移动显微镜时一手握住镜臂,一手托住底座,保持显微镜平直(显微镜最好不要频繁移动,尤其是特殊类型显微镜需要固定位置)。

2. 准备　使用显微镜时先打开电源开关,调节光强度旋钮,获得合适的照明亮度。转动物镜转换器使低倍镜头正对载物台上通光孔。升高载物台至距离镜头1~2cm处,接着调节聚光器高度,将孔径光阑调至最大,使光线通过聚光器入射到镜筒内,这时视野内呈明亮状态;将标本片正面朝上,稳定放在载物台上,用玻片夹夹紧。

3. 观察　观察顺序为先低倍镜后高倍镜或油镜。观察时将欲观察部位移至聚光器通光孔正上方,眼睛侧面观察,调节粗调焦旋钮,使载物台上升至接近物镜镜头(有锁紧装置的可锁紧,以免在使用过程中压碎标本片)。①使用双目显微镜时,调整双目镜宽度、角度至适合观察者瞳距并使两视野重合,注视目镜内,旋转粗调焦旋钮使标本片缓慢离开物镜,当观察到图像时停止,用细调焦旋钮调整到图像清晰;②使用单目显微镜时,用左眼观察,观察过程中不闭右眼,其他步骤同双目显微镜。更换视野时通过调节载物台标本移动器。按顺序移动观察标本,当发现某结构需要高倍镜观察时,先把该结构移到视野正中心,旋转物镜转换器使高倍镜进入光路,在此过程中可适当调整聚光器位置和光阑大小,得到最佳照明(一般升高聚光器、开大光阑,放大倍数越大,需要进光量越大)。适当调节细调焦旋钮得到清晰图像。需要使用油镜观察时,旋转物镜转换器移开物镜,在标本片上滴加香柏油,小心把油镜浸入其中,调节细调焦旋钮,调整聚光器,有补光镜头的显微镜将补光镜头旋转至光路,观察样本细微结构。

4. 收镜　使用完毕,应先将物镜镜头从通光孔处移开,取下载玻片,用擦镜纸擦净油镜镜头(如果油镜使用时间较长,可滴加镜头擦拭液于擦镜纸上擦拭镜头),用柔软绸布擦拭镜身,然后将孔径光阑调至最大,放低聚光镜,再将载物台缓缓落下,使有张力部件处于松弛状态。并严格检查显微镜零件有无损伤或污染,检查处理完毕后用防尘罩盖好或者装箱。

（二）光学显微镜维护

1. 保证良好的使用环境,要求显微镜放置台面水平、平整、稳固,工作环境通风良好、干燥、洁净、无阳光直射,温度一般在 5~40℃,相对湿度小于 80%。电源电压稳定,波动范围不超过 ±10%,特殊类型显微镜应配备稳压设备。

2. 保持显微镜干燥、清洁,避免灰尘、水及化学试剂污损,光学系统表面不可用手触摸以免污染,临时制备的标本一定要加盖玻片观察,以免污染镜头。不可把标本长时间留放在载物台上,特别是有挥发性物质时更应注意。

3. 取送显微镜时一定要一手握住镜臂(一般人是右利者),一手托住底座,做到轻拿轻放。

4. 观察时,不能随便移动显微镜位置。动作要轻巧和舒缓,可移动、可旋转部件不能超过极限。不要频繁开关电源,使用间歇应调低照明亮度。油镜使用后应及时擦去香柏油,不能长时间将油镜镜头浸在其中。

5. 转换物镜镜头时,只能转动转换器,勿扳动物镜镜头。

6. 切勿随意转动调焦旋钮。使用细调焦旋钮时,用力要轻,转动要慢,调焦距时勿朝一个方向连续转动,转动受限时不要硬转。

7. 不得任意拆卸显微镜上的零件,严禁随意拆卸物镜镜头,以免损伤转换器螺口,或导致螺口松动。

8. 使用高倍物镜时,勿用粗调焦旋钮调节焦距,以免移动距离过大,损伤物镜和玻片。

9. 用毕送还前,必须检查物镜镜头上是否沾有水或试剂,如有则要擦拭干净,并且要把载物台擦拭干净,罩上防尘罩或者将显微镜放入箱内。

10. 定期进行清洁维护,显微镜每次使用结束均应做好物镜、载物台清洁。凡是显微镜光学部分,只能用擦镜纸擦拭,勿使用其他物品擦拭,以免磨损镜头。载物台可用柔软绸布蘸取无腐蚀性液体(常用无水乙醇)进行擦拭,暂时不用的显微镜要定期检查和维护。

由于显微镜种类、型号繁多,使用前应仔细阅读说明书,全面了解显微镜的工作原理、基本结构、性能特点等,根据显微镜操作规程,明确各类型显微镜的不同点,结合自己的使用经验,正确掌握各类显微镜的使用方法。

四、光学显微镜常见故障及排除

光学显微镜的常见故障主要为光学故障和机械故障两种。

1. 常见光学故障及排除

(1)镜头成像质量降低:主要由于镜片损坏或者镜片表面污染所致。对于污染的镜头可以用干净毛笔清扫或者用擦镜纸擦拭干净,若是镜头生霉,则可用相应的试剂进行清理。对于镜片损坏的需更换。

(2)视场中光线不均匀:检查物镜、目镜、聚光镜等光学表面是否受污染或受损,检测物镜是否在光路中,光阑是否聚中,是否太小。

(3)双像不重合:由于振动造成双目棱镜位置移动所致,需重新调整。

(4)双目显微镜中双眼视场不匹配:主要是瞳孔间距、补偿目镜管长没有调整好,或者是误用不匹配的目镜。

2. 常见机械故障及排除

(1)粗调焦旋钮自动下滑;对于下滑较轻的情况,双手各握紧一粗调焦旋钮,左手紧握不动,右手握紧粗调焦旋钮沿顺时针转动,即可制止下滑。

(2)升降时手轮梗跳:主要是由于齿轮和齿条处于不正常工作状态或者齿轮变形引起,一般只能更换新件组合。

(3)细调焦旋钮装置故障:细调焦旋钮双向失灵,主要是齿轮调整过位脱落造成。排除方法是将整个细调焦旋钮组件拆下,更换新的限位螺钉,再将齿轮放回位置,并调整好装回原处。

3. 如遇不能解决的问题报请专业人员处理。

第二节 移 液 器

移液器又称加样枪、移液枪或微量加样枪(器)。20世纪80年代以前,经常使用的移液工具为各种样式的刻度吸管,随着仪器的现代化和自动化,目前更多使用的是准确、方便和性能优良的半自动和全自动移液器。移液器的移液体积范围为0.1~10ml,是各种临床检验实验室基本的工具,熟练掌握移液器的操作是进行各种实验的前提。

一、移液器工作原理

移液器基本工作原理是依据胡克定律,在一定限度内弹簧伸展的长度与弹力成正比,也就是移液器吸液体积与移液器弹簧伸展的长度成正比。移液器内活塞通过弹簧伸缩运动来实现吸液和放液。在活塞推动下,排出部分空气,利用大气压吸入液体,再由活塞推动排出液体。使用移液器时,配合弹簧的伸缩性特点来操作,可以很好地控制移液的速度和力度。

知识链接

胡 克 定 律

胡克定律,曾译为虎克定律,由R·胡克于1678年提出,是力学弹性理论中的一条基本定律,表述为:固体材料受力之后,材料中的应力与应变(单位变形量)之间呈线性关系。满足胡克定律的材料称为线弹性或胡克型材料。

二、移液器结构、性能与使用

(一)移液器的结构

移液器是一种量出式量器,移液量多少由一个配合良好的活塞在活塞套内移动的距离来确定。移液器基本结构主要由显示窗、按钮、退液按钮、容量调节部件、外壳(手柄)、活塞、O形环、吸引管和吸液嘴(俗称枪头)等部分组成,(图2-9)。

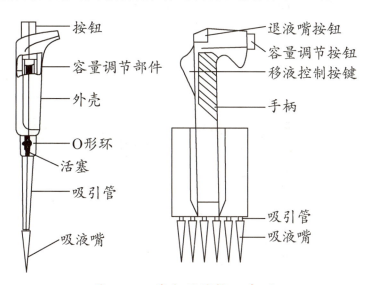

图 2-9　移液器结构示意图

（二）移液器性能要求

移液量能否按照实验要求精确量取，直接关系到检测结果的准确性和可靠性。因此，移液器性能要求显得尤为重要。按照中华人民共和国国家计量检定规程JJG 646-2006移液器检定规程要求如下：

1. 计量性能要求移液器在标准温度20℃时，其容量允许误差和测量重复性应符合规定（表2-1）。

表2-1　移液器容量允许误差与测量重复性

标称容量 /μl	检定点 /μl	容量允许误差 /%（±）	重复性 /%（≤）
	0.1	20.0	10.0
1	0.5	20.0	10.0
	1	12.0	6.0
	0.2	20.0	10.0
2	1	12.0	6.0
	2	12.0	6.0
	0.5	20.0	10.0
5	1	12.0	6.0
	5	8.0	4.0
	1	12.0	6.0
10	5	8.0	4.0
	10	8.0	4.0
	2	12.0	6.0
20	10	8.0	4.0
	20	4.0	2.0
	2	12.0	6.0
25	10	8.0	4.0
	25	4.0	2.0
	5	8.0	4.0
40	20	4.0	2.0
	40	3.0	1.5
	5	8.0	4.0
50	25	4.0	2.0
	50	3.0	1.5

标称容量 /μl	检定点 /μl	容量允许误差 /%（±）	重复性 /%（≤）
	10	8.0	4.0
100	50	3.0	1.5
	100	2.0	1.0
	20	4.0	2.0
200	100	2.0	1.0
	200	1.5	1.0
	25	4.0	2.0
250	125	2.0	1.0
	250	1.5	1.0
	50	3.0	1.5
300	150	2.0	1.0
	300	1.5	1.0
	100	2.0	1.0
1 000	500	1.0	0.5
	1 000	1.0	0.5
	250	1.5	1.0
2 500	1 250	1.0	0.5
	2 500	0.5	0.2
	500	1.0	0.5
5 000	2 500	0.5	0.2
	5 000	0.6	0.2
	1 000	1.0	0.5
10 000	5 000	0.6	0.2
	10 000	0.6	0.2

2. 通用技术要求

（1）外观要求：①移液器上应标有产品名称、制造厂名称或商标、标称容量（μl 或 ml）、型号规格和出厂编号；②移液器外壳，塑料外壳表面应平整、光滑，不得有明显的缩痕、废边、裂纹、气泡和变形等现象。金属表面镀层应无脱落、锈蚀和起层。

（2）按钮：按钮上下移动灵活、分档界限明显，在正确使用情况下不得有卡顿现象。

（3）调节器：可调移液器的容量调节指示部分在可调节范围内转动要灵活，数字指示要清晰、完整。

（4）吸液嘴：①吸液嘴应采用聚丙烯或性能相似的材料制成，内壁应光洁、平滑，排液后不允许有明显的液体遗留；②吸液嘴不得有明显弯曲现象；③不同规格型号的移液器应使用相应配套的吸液嘴。

（5）密合性：在0.04 MPa压力下，5s内不得有漏气现象。

3. 移液器检测　移液器在使用过程中，为保证其精确度，一般从以下几个方面检测：

（1）气密性：①目视法检测是将吸取液体后的移液器垂直静置15s，观察是否有液滴缓慢流出，若有流出说明有漏气现象；②压力泵检测是使用专用压力泵，判断是否漏气。

（2）准确性检测：①量程小于1μl的移液器建议使用分光光度法检测。将移液器调至目标体积，然后移取已知标准染料溶液，加入一定体积蒸馏水中，测定溶液吸光度（334nm或340nm），重复操作几次，取平均值来判断移液器的准确度；②量程大于1μl的移液器用称重法检测。通过对水的称重，转换成体积来鉴定移液器的准确性。如需进一步校准必须在专业实验室内进行或者由国家计量部门校准。

（三）移液器使用

移液器操作是科学试验和临床实验室检测的基本技能，而错误的操作容易产生移液偏差，导致检验结果不准确。以下分几个方面来叙述移液器使用方法（图2-10）。

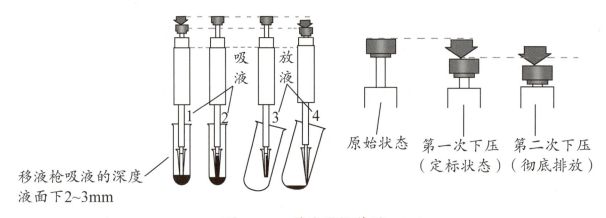

图 2-10　移液器操作图

1. 选择量程合适的移液器　只能在特定量程范围内准确移取液体，如超出最低或最大量程，会损坏移液器并导致计量不准。

2. 设定容量值

（1）粗调：通过调节旋钮将容量值调整至接近自己的预想值。

（2）细调：当容量值接近设定值后，应将移液器刻度显示窗平行放至眼前，通过调节旋钮慢慢地将容量值调至预想值，从而避免视觉误差所造成的影响。

（3）设定容量值时的注意事项：在调节量程时，如果要从大体积调为小体积，则按照正常的调节方法，逆时针旋转旋钮；如果要从小体积调为大体积时，则应先顺时针旋转刻度旋钮，调至超过量程刻度，然后再回调至设定体积，这样可以保证量取的最高精确度。在设定容量值的过程中,禁止将按钮旋出量程,否则会使内部机械装置卡顿而损坏移液器。

3. 吸液嘴(枪头)的装配　将套筒顶端插入吸液嘴,在轻轻用力下压的同时,将手中移液器按逆时针方向旋转至吸液嘴安紧。用力不能过猛,更不能采取剁吸头的方法来进行安装。吸液嘴安紧的标志是略微超过 O 型环,并可以看到连接部分形成清晰的密封圈。

4. 预洗　安装了新吸液嘴或改变了容量值后,应该将需要转移的液体吸取、排放两到三次,确保移液工作的精度和准度。

5. 吸液　先将四指并拢握住移液器上部,用拇指按住塞杆顶端按钮,向下按压至第一停点,再将吸头垂直浸入液面下 2~3mm,缓慢平稳松开按钮,吸液并停留 1~2s(黏性大的溶液可加长停留时间)。

6. 移液　缓慢抬起移液器,确保吸液嘴外壁无残留液体。可用定性滤纸抹去吸嘴外面可能黏附的液滴。吸液过程中勿触及吸液嘴口。

7. 目测　观察吸入液体体积是否合理。

8. 放液　将吸液嘴贴至容器内壁并保持 20°~40° 倾斜,平稳地把按钮压到第一停点,停 1~2s(黏性大的液体要加长停留时间)后,继续按压到第二停点,排出残余液体。松开按钮,然后将吸液嘴沿内壁向上移开。

9. 退吸头　按压吸头弹射器除去吸头,吸取不同样本液体时必须更换吸头。

10. 移液器放置　使用完毕,可以将其垂直挂在移液器架上。当移液器枪头里有液体时,切勿将移液器水平放置或倒置,以免液体倒流腐蚀活塞弹簧。

三、移液器日常维护与常见故障排除

移液器以操作简单、方便快速等优点得到了广泛应用,为使移液器始终保持最佳性能,必须定期进行维护。对于一些常见故障应熟悉其原因并采取相应的措施进行处理。

(一)移液器维护

移液器应根据使用频率进行维护,但至少应每 3 个月进行一次,检查移液器是否清洁,尤其是注意吸液嘴连件部分,并进行检测和校准。

1. 移液器清洁

(1)外壳清洁:使用肥皂液、洗洁精或 60% 异丙醇来擦洗,然后用双蒸水淋洗,晾干即可。

(2)内部清洗:需要先拆卸移液器下半部分(具体方法可参照说明书),拆卸下来的部件可以用上述溶液来清洁,双蒸水冲洗干净,晾干,然后在活塞表面用棉签涂上薄薄一层起润滑作用的润滑油(多用硅酮油脂)。

2. 移液器消毒灭菌处理

(1)常规高温高压灭菌处理:先将移液器内外部件清洁干净,再用灭菌袋、锡纸或牛皮纸等材料包装灭菌部件,以121.3℃、100kPa、20min灭菌完毕后,在室温下完全晾干后,活塞涂上一层薄薄的润滑油后组装。

（2）紫外线照射灭菌:整支移液器和其零部件可暴露于紫外线照射下,进行表面消毒。

3. 移液器上DNA污染的去除　有些移液器专门配有清除移液器上DNA清洗液,将移液器下半部分拆卸下来的内外套筒,在95℃下于清洗液中浸泡30min,再用双蒸馏水将套筒冲洗干净,60℃下烘干或完全晾干,最后在活塞表面涂上润滑油并将部件组装。

（二）不同性质液体移液时的操作特性和保养方法

为确保移液的准确度,建议根据具体使用情况采用相应的清洗及保养方法(表2-2)。通过以下简单的清洁和保养,可适当地延长移液器使用寿命。

表2-2　移液器在不同使用情况下应采取的清洗和保养方法

液体特性	操作特性	清洗和保养方法
水溶液和缓冲液	用蒸馏水校准移液器	打开移液器,用双蒸水冲洗污染的部分,可以在干燥箱中干燥,温度不超过60℃。给活塞涂抹少量润滑油
无机酸/碱	如果经常移取高浓度酸/碱液,建议偶尔用双蒸水清洗移液器下半部分;并推荐使用带有滤芯的吸嘴	移液器使用的塑料材料和陶质活塞都是耐酸耐碱材料(除了氢氟酸)。但是,酸溶液/碱溶液蒸气可能会进入移液器下部,影响其性能。清洁方法同"水溶液"部分
具有潜在传染性的液体	为了避免污染,应该使用带有滤芯的吸嘴,或者使用正向置换方法移取	对污染的部分以121.3℃、100kPa、20min高压灭菌。或者将移液器下部侵入实验室常规的消毒剂中。随后用双蒸水清洗,并用如上所述的方法进行干燥
细胞培养物	为了保证无菌,应使用带有滤芯的吸嘴	参照"具有潜在传染性的液体"的清洁方法
有机溶剂	密度与水不同,因此必须调节移液器 由于蒸气压高和湿润行为的变化,应该快速移液 移液结束后,拆开移液器,让液体挥发	通常对于蒸气压高的液体,任其自然挥发的过程就足够了;或者将下部侵入消毒剂中。用双蒸水清洗(或去离子水),并用如上所述的干燥方法将其干燥

液体特性	操作特性	清洗和保养方法
放射性溶液	为了避免污染,应该使用带有滤芯的吸嘴,或者使用正向置换方法	拆开移液器,将污染部分侵入复合溶液或专用的清洁溶液,用双蒸水清洗,并用如上所述的干燥方法将其干燥
核酸/蛋白质溶液	为了避免污染,应该使用带有滤芯的吸嘴,或者使用正向置换方法	蛋白质:拆开移液器,用去污剂清洗,清洗和干燥方法如上所述 核酸:在氨基乙酸/盐酸缓冲液(pH 2)中煮沸10min(确保琼脂糖凝胶电泳检测不到DNA残留),用双蒸水清洗干净,并用如上所述的干燥方法将其干燥。同时给活塞涂抹少量润滑剂

(三)移液器常见故障处理

移液器的使用频率高,同时可能存在操作人员使用不当,易导致移液器出现故障,因此,操作人员应当熟悉移液器常见故障,并具备排除故障的基本能力(表2-3)。

表2-3　移液器常见故障及其处理方法

故障现象	故障原因	处理方法
吸嘴内有残液	吸液嘴不适配 吸液嘴塑料嘴湿润性不均一 吸液嘴未装好	使用原配吸液嘴 装紧吸液嘴 重装新吸液嘴
漏液或移液量太少	吸液嘴不适配 吸液嘴和连件间有异物 活塞或O形环上润滑油不够 O形环或活塞未扣好或O形环损坏 操作不当 需要校准或所移液体密度与水差异大 移液器被损坏	使用原配吸液嘴 清洁连件,重装新吸液嘴 涂上润滑油 清洁并润滑O形环和活塞或更换O形环 认真按规定操作 根据指导重新校准 维修
按钮卡住或运动不畅	活塞被污染或有气溶胶渗透	清洁并润滑O形环和活塞清洁吸液嘴连件

故障现象	故障原因	处理方法
移液器堵塞,吸液量太少	液体渗进移液器且已干燥	清洁并润滑活塞和吸液嘴连件
吸液嘴推出器卡住或运动不畅	吸液嘴连件和/或吸液嘴推出轴被污染	清洁吸液嘴连件和推出轴

第三节 离 心 机

离心机是应用离心沉降原理进行物质分析和分离的仪器,是分离血清、沉淀有形成分、浓缩细菌、PCR 试验等医学检验中必不可少的工具(可用于血液检验、免疫检验、微生物检验、生物化学检验等项目),广泛应用于生命科学研究和医学研究领域中。随着分子生物学研究的发展,以及对分离技术要求日益增加的需要,离心机技术也有了很大的发展。在引入了微处理器控制系统后,各种转速级别离心机已经可以分离纯化目前已知的各种生物体组分(细胞、细胞器、病毒、生物大分子如 DNA 等)。

一、离心机工作原理

离心技术是指应用离心沉降进行物质分析和分离的技术。

(一)离心力和相对离心力

1. 离心力(Fc) 是指由于物体旋转而产生脱离旋转中心的力,是物体做圆周运动而产生与向心力的反作用力。当物体所受外力小于运动所需要的向心力时,物体将向远离圆心的方向运动,这种现象称为离心现象,也叫离心运动。离心力(Fc)大小等于物体做圆周加速度 $\omega^2 r$ 与颗粒质量 m 的乘积,即:

$$Fc = m\omega^2 r = m\left(\frac{2\pi N}{60}\right)^2 r = \frac{4\pi^2 N^2 rm}{3\,600}$$

式中,ω 是旋转角速度;N 是每分钟转头旋转次数;r 为离心半径;m 是质量。

2. 相对离心力(RCF) 是指颗粒在离心过程中的离心力,是相对颗粒本身所受的重力而言,与离心速度(r/min)和离心半径(r)成正比,单位为重力加速度"g",即以离心力相当于重力加速度(g)的倍数来衡量。因此在文献中常用"相对离心力"或"数字 ×g"表示离心力,例如 15 000×g,表示相对离心力为 15 000。一般情况下,低速离心时相对离心力常以转速"r/min"来表示,高速离心时则以"g"表示。相对离心力计算公式为:

$$RCF = 1.119 \times 10^{-5} (\text{r/min})^2 r$$

式中，*RCF*：相对离心力（g）；r/min：转速；r 表示离心旋转半径（mm）。

（二）微粒在重力场中和离心力场中的沉降

1. 重力场中的沉降　若要将微粒从液体中分离出来，最简单的方法是将液体静置一段时间，液体中的微粒受到自身重力的作用，较重的微粒下沉与液体分开，这个现象称为重力沉降。微粒在液体介质中的沉降速度与自身的大小、密度、形状等有关，同时将受到介质的浮力、介质阻力及扩散现象的影响。一般来说，悬浮液中的粒径在 $10\mu m$ 以上的颗粒可在约 2h 内沉降下来。

2. 离心力场中的沉降　当离心机启动时，离心管绕离心转头的轴旋转，做圆周运动。离心管内的样品颗粒将同样运动。颗粒在离心力作用下会沿圆周切线方向运动，这种颗粒在圆周运动时的切线运动称为离心沉降。颗粒将由离心管顶部移到底部，这与重力场中的由高处落到低处相似。颗粒沉降与介质阻力有关，介质阻力越大，颗粒在离心管中沉降速度越小，沉降距离也越短。旋转速度越大，颗粒在离心管中沉降越快。

沉降速度：是指在强大离心力作用下，单位时间内物质运动的距离。

沉降时间：是指在离心机某一转速下把溶液中某一种溶质全部沉降分离出来所需的时间称为沉降时间。

沉降系数（*s*）：是指颗粒物质每单位离心力场的沉降速度，以时间表示，单位为秒，用小写斜体 *s* 表示。沉降系数与样品颗粒的分子量、分子密度、组成、形状等都有关，样品颗粒的质量或密度越大，表现出的沉降系数也越大。利用沉降系数的差别就可以应用离心技术来进行定性和定量的分析及分离制备。

与重力场相比，离心机在高速旋转时离心力场中加速度可达到数万甚至数十万倍重力加速度，颗粒的沉降速度也将加快同样的倍数。这样使得许多沉降系数小的颗粒在重力场中不能沉降，在离心机中就可以将其进行分离纯化。

（三）离心机工作原理

离心就是利用离心机转子高速旋转时产生了强大的离心力，加快液体中颗粒的沉降速度，从而把样品中不同沉降系数和浮力密度的物质分离开。颗粒的沉降速度取决于离心机转速、颗粒质量、大小和密度。

物质在介质中沉降时还伴随有扩散现象。扩散是无条件的、绝对的。扩散与物质的质量成反比，颗粒越小扩散越严重。而沉降是有条件的、相对的，沉降与物体质量成正比，颗粒越大沉降越快。对体积较小的微粒（$<1\mu m$）如病毒或蛋白质等，它们在溶液中成胶体或半胶体状态，仅仅利用重力不可能观察到沉降过程。因为颗粒越小沉降越慢，而扩散现象则越严重。所以需要利用离心机高速旋转产生强大的离心力，才能迫使这些微粒克服扩散产生沉降运动，从而实现生物大分子的分离。

二、离心机分类、结构与技术参数

（一）离心机分类

离心机种类非常多,目前国际上有三种分类方法即按用途、按转速、按结构分类。按用途可分为制备型（供分离浓缩,提纯样品）、分析型（用于分析样品中的大分子物质如:蛋白质、核酸、糖类的沉降系数、分子构象等）和制备分析两用型（既能分离浓缩、提纯样品,还可以通过光学系统对样品的沉降过程进行观察、拍照、测量、数字输出、打印自动显示）；按转速分类可分为低速、高速、超速等离心机；按结构可分为台式、多管微量台式、血液洗涤台式、细胞涂片式、高速冷冻台式、大容量低速冷冻式、台式低速自动平衡离心机等。另外还有专做连续离心用的三联式（五联式）高速冷冻离心机。

1. 低速离心机　广泛应用于临床医学、生物化学、免疫学等领域,是实验室中用于离心沉淀的常规仪器（图2-11）。主要用做血浆、血清的分离及脑脊液、胸腔积液、腹腔积液、尿液等有形成分的分离。其最高转速低于10 000r/min,相对离心力在15 000×g以内,容量为几十毫升至几升,分离形式是固液沉降分离。

图2-11　台式低速离心机

2. 高速离心机　主要用于临床实验室分子生物学中的DNA、RNA（核糖核酸）的分离和基础实验室对各种生物细胞、无机物溶液、悬浮液及胶体溶液的分离、浓缩、提纯样品等。可进行微生物菌体、细胞碎片、大细胞器、硫酸铵沉淀和免疫沉淀物等的分离纯化工作,但不能有效地沉降病毒、小细胞器（如核糖体）或单个分子。转速最高可达10 000~30 000r/min以内或相对离心力在15 000~70 000×g以内。容量可达3L,分离形式是固液沉降分离。为了防止高速离心过程中温度升高而使酶等生物分子变性失活,还装设了冷冻装置,因此又称高速冷冻离心机（图2-12）。

3. 超速离心机　主要应用于生物科学分子生物学研究领域,可以分离病毒、核酸、蛋白质和多糖等大分子物质（图2-13）。转速最高可达30 000~80 000r/min,相对离心力

图 2-12 台式高速离心机

最大可达 510 000×g，离心容量由几十毫升至 2L，分离形式是差速沉降分离和密度梯度区带分离，为了防止离心时温度升高，装有冷冻装置。

4. 专用离心机 近年来随着科学技术不断发展，离心机技术突显创新，同时离心技术与临床实验室相接轨，由以往广泛型逐渐走向专业性很强的单一型专用离心机，使离心操作向规范化、标准化、科学化及专业化方向发展。与临床检验有关的专用离心

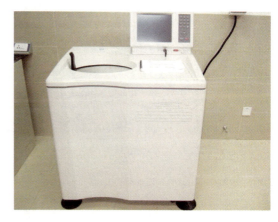

图 2-13 超速离心机

机、免疫血液离心机、细胞涂片离心机、毛细管血液离心机、微柱凝胶离心机等。

（二）离心机结构

1. 低速离心机结构 低速离心机的结构较简单，由电动机、离心转盘（转头）、调速器、定时器、离心套管与底座等主要部件构成（图 2-14）。

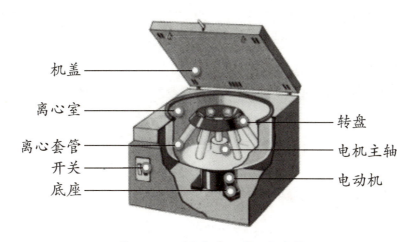

机盖
离心室
离心套管
开关
底座
转盘
电机主轴
电动机

图 2-14 低速离心机的结构

（1）电动机：是离心机的主体，常见为串激式电动机，包括定子和转子两部分。串激式电动机有很大的启动转矩，轻载时转速高，随着负载的增加转速急剧下降。因此，一般都和负荷连结在一起（如离心机的转盘）。使用时如无特殊需要，不要将离心机的转盘卸掉。

（2）离心转盘（转头）：常用铸铝制成，呈平顶锥形，固定在电动机上端的转轴上。转盘上有6~12个对称的45°斜孔，以便放置离心管。转盘外面装有平顶锥形的金属外罩以保安全。

（3）调速装置：调速装置有多种，如多抽头变阻器、瓷盘可变电阻器和改变炭刷位置等形式。前二种是在电源与电动机之间串联一只多抽头扼流圈或瓷盘可变电阻器，改变电动机的电流和电压，通过手柄或旋钮调节，达到控制电动机转速的目的。

（4）离心套管：主要用塑料和不锈钢两种材质制成。塑料离心管透明（或半透明），硬度小，但易变形，抗有机溶剂腐蚀性差，使用寿命短；不锈钢离心管强度大，不变形，能抗热，抗冻，抗化学腐蚀。

2. 高速、超速（冷冻）离心机　此类离心机的结构通常有转动装置、速度控制系统、温度控制系统、真空系统、离心室、离心转头及安全保护装置等。由于转速高，带有低温控制装置，控制转头与空气摩擦产生热量。

（1）转动装置：其转动装置主要由电动机、转头轴以及它们之间连接的部分构成。

（2）速度控制系统：由标准电压、速度调节器、电流调节器、功率放大器、电动机、速度传感器等六部分构成。

（3）真空系统：超速离心机由于其转速很高，当在空气中转速超过40 000r/min时，空气摩擦生热就会产生严重后果。因此，超速离心机都配有真空系统，将离心腔密封并抽成真空，以克服空气摩擦生热，保证离心机达到正常所需要的转速。对于高速离心机，在其正常转速下（15 000~20 000r/min）与空气摩擦生热少，故不需设置真空系统。

（4）温度控制系统和制冷系统：温度控制是在转头室装置一热电偶，可监测转头室的温度。制冷压缩机采用全封闭式，由压缩机、冷凝器、毛细管和蒸发器四个部分组成。通常采用水冷却系统，以降低噪声。用接触式热敏电阻作为感温元件的控温仪，在测量仪表上可选择温度和读出其温度控制值。

（5）离心室：常用2mm厚度不锈钢板制成圆筒形，外围有一高强度无缝钢管保护圈，上部装有机盖（装甲钢板），组成一个可以密封的离心室。

（6）离心转头：离心转头是高速、超速离心机的主要部件之一，由于转速很高，相对离心力场则很大，离心转头需用高强度的铝合金、钛合金或超硬铝制成。生产出的转子在使用前需进行一系列超速试验，满速爆炸试验及寿命试验，以确保使用时安全可靠。

（7）安全保护装置：通常包括主电源过电流保护装置、驱动回路超速保护、冷冻机超负荷保护和操作安全保护等四个部分。

（三）离心机主要技术参数

1. 工作电源　一般指离心机电极工作所需电源，如"交流220V、50Hz"。

2. 整机功率　通常指离心机电机的额定功率，如"250W"。

3. 最高转速　离心转头可达到的最高转速（单位是 r/min），如"18 000r/min"。

4. 最大离心力　离心机可产生的最大相对离心力 RCF（单位是 g），如"21 000×g"。

5. 转速范围　离心机转头转速可调节的范围，如"1 000～18 000r/min"。

6. 离心容量　离心机一次可分离样品的最大体积，为可容纳最多离心管数与一个离心管可容纳分离样品的最大体积（单位 ml），如"12×1.5ml"。

7. 温度控制范围　离心机工作时离心室内可调节的温度范围；如"−20℃至室温"。

有些离心机还会标明一些其他技术参数：如标准工作噪声、尺寸、重量等参数。

离心机的使用
方法（视频）

三、常用离心方法

根据分离样品不同可选择不同的离心方法，离心方法可分为制备离心法和分析离心法。本节主要介绍常用的制备离心法，制备离心法包括差速离心法和密度梯度离心法；其中密度梯度法又可分为速率区带离心法和等密度区带离心法。

（一）差速离心法

差速离心法又称分步离心法，根据被分离物质的沉降速度不同，采用不同离心速度与时间，使不同沉降系数的颗粒分批分离的方法称差速离心法；该方法主要用于分离大小和密度差异较大的颗粒。其原理是采用逐渐增加离心速度或低速和高速交替进行离心，使沉降速度不同的颗粒在不同的分离速度及不同的离心时间下分批分离（图 2-15）。当以一定离心力在一定的离心时间内进行离心时，在离心管底部就会得到最大和最重颗粒的沉淀，分出的上清液在更高转速下再进行离心，又得到第二部分较大、较重颗粒的"沉淀"及含小和轻颗粒的"上清液"，如此，多次离心处理，即能把液体中的不同颗粒较好分开。从在临床检验中常用于组织匀浆中分离细胞和病毒，对血清和血浆标本分离以及尿液中有形成分分离。

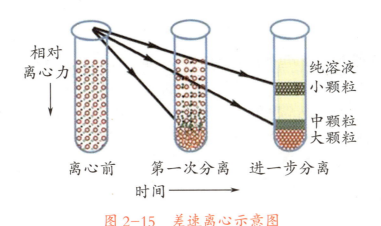

图 2-15　差速离心示意图

差速离心法优点是:操作简单,离心后用倾倒法即可将上清液与沉淀分开,样品处理量大、分离时间短、重复性高。其缺点是分辨率有限、分离效果差,沉降系数在同一个数量级内的各种粒子不容易分开,不能一次得到纯颗粒。

(二)密度梯度法

密度梯度法又称区带离心法,该方法主要用于沉降速度差别不大的颗粒,是样品在一定惰性梯度介质中进行离心沉淀或沉降平衡,在一定离心力下将颗粒分配到梯度液中某些特定位置上,形成不同区带的分离方法。按照离心分离原理,密度梯度离心又可分为速率区带离心法和等密度区带离心法。下面将分别给予介绍:

1. 速率区带离心法　是根据分离的粒子在离心力作用下,粒子具有不同的体积大小和沉降系数,因其在梯度液中沉降速度不同,离心后具有不同沉降速度的粒子处于不同的密度梯度层内,形成几条分开的样品区带,达到彼此分离目的。目前常用的梯度液有 Fico Ⅱ 分离液、Perco Ⅱ 分离液及蔗糖溶液,梯度液底部浓度大,顶部浓度小,形成一个连续的浓度梯度分布;将梯度液加入离心管中,将混合样品平铺在梯度液顶部,选择合适的转速和时间进行离心。离心结束后,样品中的不同组分将在梯度液中不同位置形成各自的区带(图 2-16),然后将区带取出。此法的关键是离心时间的选择,离心时间控制在完全沉淀前。在临床实验室常用于静脉血中单个核细胞的分离。

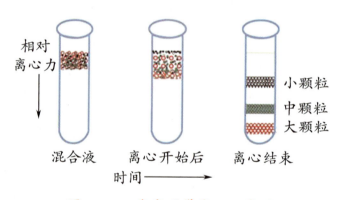

图 2-16　速率区带离心示意图

速率区带离心法的优点是一次性分离纯化、分辨力高、样品纯度和回收率高。缺点是处理样品量小,操作难控制。

2. 等密度区带离心法　根据样品组分的密度差别进行分离纯化的分离方法,需要在离心前预先制备密度梯度液,包括被分离样品中所有粒子的密度,当不同颗粒存在浮力密度差时,在离心力场下,颗粒或向下沉降,或向上浮起,一直沿梯度移动到它们密度恰好相等的位置上(即等密度点)形成区带。实验前准备一个密度梯度液柱,液柱上方密度较小,下方密度较大,将样品液均匀地加在液柱上方。离心时样品颗粒密度大于梯度液密度,颗粒将下沉,反而,颗粒将上浮;总之各种颗粒将按其密度大小不同而移至与它本身密度相同的地方形成区带(图 2-17)。离心结束后,分别收集各个区带即可得到各个组分。该法主要用于科研及实验室特殊方面样品的分离和纯化,如线粒体环状 DNA 及开环 DNA 的分离。

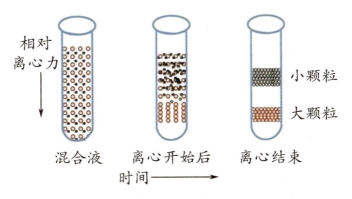

图 2-17　等密度区带离心示意图

等密度区带离心法的优点是按照样品的密度进行分离；缺点是平衡所需时间长。

四、离心机使用、维护与常见故障排除

（一）离心机使用和维护

各类离心机因其转速高，产生的离心力大，使用不当或缺乏定期检修和保养都可能发生严重事故，因此使用离心机时都必须严格遵守操作规程。

1. 离心机必须安放在坚固的台面，应水平放置，底座橡皮四脚要紧贴台面，防止工作时发生振动，并有防尘、防潮设备。

2. 离心机严禁不加转头空转，如空转会导致离心转轴弯曲，离心机运转前必需确认转头放稳且已夹紧，转头盖必需放且放稳。

3. 使用离心机时，须事先平衡离心管和其样品溶液，应对称放置，重量误差越小越好。

4. 装载溶液时，使用开口离心机时不能装得过多，以防离心时甩出，造成转头不平衡、生锈或被腐蚀。

5. 离心过程中应随时观察离心机上的仪表是否正常工作，如有异常声音应立即停机检查，及时排除故障。未找出原因前不得继续运转。

6. 转头是离心机中需重点保护的部件，每次使用前要严格检查孔内是否有异物和污垢，以保持平衡；每次使用后，应清洗、消毒、擦干、干燥保存。转头应有使用档案，记录累积使用时间，若超过了该转头的最高使用时限，则需按规定降速使用。

7. 不要使用过期、老化、有裂纹或已腐蚀的离心管，控制塑料离心管的使用次数，注意规格配套。

8. 每 3 个月应对主机校正一次水平度，每使用 5 亿转需处理真空泵油一次，每使用 1 500h 左右，应清洗驱动部位轴承并加上高速润滑油脂，转轴与转头接合部应经常涂脂防锈，长期不用时应涂防锈油加油纸包扎，平时不用时，应每月低速开机 1~2 次，每次 0.5h，保证各部位的正常运转。

（二）离心机常见故障及排除方法

1. 电机不转　电机不转的原因与排除方法。

（1）主电源指示灯亮而电机不能启动：检查波段开关、瓷盘变阻器是否损坏或其连接线是否断脱；检查磁场线圈连接线是否断脱或线圈内部短路。

（2）主电源指示灯不亮检查保险丝是否熔断，电源线、插头插座是否接触良好。

（3）检查真空泵表及油压指示值。

2. 转头损坏　转头可因金属疲劳、超速、过应力、化学腐蚀、选择不当、使用中转头不平衡及温度失控等原因而导致离心管破裂，样品渗漏转头损坏。电动机有上下轴承，应定期（6个月或1年）加润滑油。

3. 机体震动剧烈、响声异常　常见原因如下：

（1）离心管重量不平衡，放置不对称。

（2）转头孔内有异物，使负荷不平衡。

（3）转轴上端固定螺帽松动，转轴摩擦或弯曲。

（4）电机转子不在磁场中心会产生噪声。

（5）转子本身损伤：大部分故障为不正确操作所致，正确操作可消除不正常现象。在工作过程中，如出现任何异常现象均应立即停机，检查原因，不得强行运转，以免产生不必要的损失。

（6）如遇不能解决的问题报请专业人员处理。

第四节　电热恒温水浴箱

电热恒温水浴箱有两种，一种是电热恒温水浴锅（图2-18），一种是电热恒温水浴箱（图2-19）。均可用于水浴恒温加热和其他温度试验，是生物、遗传、病毒、医药、卫生、生化实验室、分析室及教育科研的必备工具。水浴箱使用温度范围为室温至99.9℃。

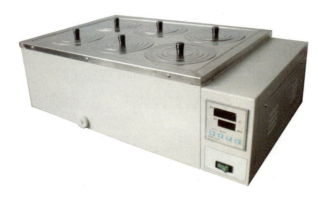

图 2-18　电热恒温水浴锅

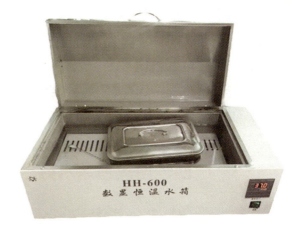

图 2-19 电热恒温水浴箱

一、电热恒温水浴箱工作原理

电热恒温水浴箱是以电热管加热,通过水传导热量,通过温度感应装置来控制水温,当水的温度值低于温度下限预设值时,控制电路自动接通电源,启动电热管重新加热,当水介质的温度值达到温度上限预设值时,控制电路自动切断电源,电热管停止加热。如此反复循环工作,使水温值始终处在恒定状态,从而满足使用所需的温度要求。

二、电热恒温水浴箱结构

电热恒温水浴箱由箱体、内胆、上盖、搁板、电热管、自动温控装置组成。内胆、上盖内衬材料通常为不锈钢板,搁板材料为 LY2 铝板,箱体表面环氧粉末静电喷塑,工作室与外壳间均匀充填绝热材料,外壳温升不大于 25℃。以电为能源,以水为介质,用电热管加热。自动温控装置通常采用差动棒式或接点水银温度计式的温度控制器,或者用热敏电阻作为传感器元件的温度控制器。

三、电热恒温水浴箱使用方法

1. 通电前,先检查水浴箱的电器性能,并应注意是否有断路或漏电现象。
2. 向工作室内加水,加水量应在搁板 30mm 以上,在放入试验器皿后距上口 50mm 以下。
3. 接通电源,将电源开关置于"ON"端,将温度"设定—测量"开关拨向"测量"端,绿灯亮,电源正常加热,然后按所需温度转动温度设定旋钮,进行温度的设定,此时"LED"(发光二极管技术显示器)显示设定的温度值,当设定温度高于水槽水温时仪器开始加热。绿灯亮,加热器开始加热,红灯亮时加热器停止加热,红绿灯交替跳动表示进入恒温状态。若需改变温度,随时旋转设定旋钮,使用时,"LED"显示的温度,就是实际所需温度。

4. 达到设定温度值且确认控制仪读数处在相对稳定(恒温)状态后方可使用。

5. 在使用过程中,必须注意经常检查水位,水位应保持在搁板 30mm 以上。

6. 使用结束后,先关闭电源,拔掉安全插座。

四、电热恒温水浴箱日常维护与常见故障排除

(一)电热恒温水浴箱维护及注意事项

1. 使用前检查电源,要有良好地线,保养或检修时,必须拔掉电源插头。

2. 供电电源须与产品使用电源要求相一致,电源插座采用单项三线,且承受电流大于或等于加热回路电流要求的安全插座。

3. 使用时一定要先加水,后通电。在使用过程中,必须注意经常检查水位,水位应保持在搁板 30mm 以上;必须可靠接地,水不可溢入控制箱内。

4. 使用时操作者不可长时间远离。工作结束后或遇到停电时,操作者必须关闭电源开关。

5. 每次使用结束后,将水浴箱(锅)内水放干净,用毛刷将水浴箱(锅)内的粗杂物清刷出箱(锅)内。用细软布将水浴箱(锅)内外表面擦净,再用清洁布擦干。

6. 使用频繁或长时间处在高温使用,应每隔 3 个月由电工检查一次电路连线有无老化现象,如连线老化应及时更换。

7. 为保证水浴箱温度的准确性必须每日使用温度计测量水浴箱内水温,并做好日温度记录。定期校准水浴箱温度。

(二)电热恒温水浴箱常见故障及排除方法

电热恒温水浴箱常见故障及排除方法见表 2-4。

表 2-4　电热恒温水浴箱常见故障及排除方法

常见故障	可能产生的原因	排除方法
不升温	外接电源插座无电	检查外接电源
	熔断管断路	检查电路,更换熔断管
	电源开关断路	更换电源开关
	电热管断路	更换电热管
	传感器断路	检查,更换传感器
连续升温,失控	传感器短路	更换传感器
	温度调节仪中的继电器触脚粘连	检查,更换继电器

第五节　高压蒸汽灭菌器

高压蒸汽灭菌器用途广,效率高,是临床检验中比较常用的灭菌设备(图2-20),利用高温加高压灭菌,不仅可以杀死一般的细菌、真菌等微生物,对芽孢、孢子也有杀灭效果,是最可靠、应用最普遍的物理灭菌法。可用于能耐高温的物品,如培养基、金属器械、玻璃、搪瓷、敷料橡胶及一些药物的灭菌。

一、高压蒸汽灭菌器工作原理

使用高压蒸汽灭菌器,利用加热产生蒸汽,随着蒸汽压力不断增加,温度随之升高,可使微生物蛋白质变性导致微生物死亡。通常压力在103.4kPa(相当旧制的15磅/吋^{2}或1.05kg/cm^2)时,高压蒸汽灭菌器内温度可达121.3℃,维持15~30min,可杀灭包括芽孢在内的所有微生物。此法常用于一般培养基、生理盐水、手术器械及敷料等耐湿和耐高温物品的灭菌。

图2-20　高压蒸汽灭菌器

二、高压蒸汽灭菌器分类与结构

高压蒸汽灭菌器的分类,按照样式和容积大小分为手提式高压灭菌器、立式压力蒸汽灭菌器、卧式高压蒸汽灭菌器等。其结构主要有一个可以密封的桶体,压力表,排气阀,安全阀,电热丝等组成。

采用微电脑智能化全自动控制的主要控制项目有:

1. 控制灭菌压力、温度和时间。
2. 超温自动保护装置　超过设定温度,自动切断加热电源。
3. 门安全连锁装置　内腔有压力,门盖无法打开。
4. 低水位报警　缺水时能自动切断电源,声光报警,进口断水检测装置。
5. 漏电保护　配置漏电保护装置。
6. 温度动态数字显示　灭菌结束发出结束信号。
7. 升温、灭菌、排气、干燥过程自动控制,无须人工监管。

三、高压蒸汽灭菌器使用方法

（一）高压蒸汽灭菌锅使用方法

1. 在外层锅内加适量水，使水面与三角搁架相平为宜，将需要灭菌的物品放入内层锅，盖好锅盖并对称地扭紧螺旋。

2. 加热使锅内产生蒸汽，当压力表指针达到 0.05MPa 时，打开排气阀，将冷空气排出，此时压力表指针下降，当指针下降至零时，即关闭排气阀。

3. 继续加热，锅内蒸汽增加，压力表指针又上升，当锅内压力增加到 103.4kPa 时，温度达 121.3℃，调整火力维持。按所灭菌物品的特点，使蒸汽压力维持所需压力一定时间（15~20min），然后将灭菌器断电，使其自然冷却后再慢慢打开排气阀以排出余气，然后才能开盖取物。

（二）高压蒸汽灭菌器使用注意事项

1. 待灭菌的物品放置不宜过紧。

2. 必须将冷空气充分排出，否则锅内温度达不到规定温度，影响灭菌效果。

3. 灭菌完毕后，不可放气减压，否则瓶内液体会剧烈沸腾，冲掉瓶塞而外溢甚至导致容器爆裂。须待灭菌器内压力降至与大气压相等后才可开盖。

四、高压蒸汽灭菌器日常维护与常见故障排除

1. 每天进行灭菌器门、仪表的表面擦拭，灭菌间地面至少清洁一次。

2. 每天清理灭菌器内排气口处滤网的杂质，避免灭菌器运行中杂质进入排气管。

3. 每天运行前检查灭菌器门封是否平整、完好，有无脱出和破损。

4. 每天应检查仪表指针准确度，观察灭菌器运行停止后，温度仪表、压力仪表指针是否归在"0"位；观察蒸汽、水等介质管路和阀件有无泄露；观察灭菌器运行指示灯是否完好；一旦发现以上部件出现问题，不应使用灭菌器，经维护修理后使用。

5. 每周进行灭菌器内彻底擦拭清理；每周检查清理蒸汽管路过滤器一次，记录结果。

6. 每季度进行灭菌设备外部清洁，避免积尘，缩短空气滤器的使用寿命。应避免元器件与水接触，一旦沾水应擦干后方可接通电源。

7. 每季度检查各连线插座、接头是否松动，松动的应插紧。

8. 每 6 个月清理安全阀表面。

9. 灭菌器每年进行一次年检，安全阀、压力表、温度表每年至少校验一次，检查结果记录并留存。空气过滤器应定期更换。

10. 如遇不能解决的问题报请专业人员处理。

第六节　电热恒温干燥箱

电热恒温干燥箱也称干燥箱、烤箱（图2-21），可供各种试样进行烘焙、干燥、热处理及其他加热，干燥箱的使用温度范围一般为50~250℃，最高工作温度为300℃。电热恒温干燥箱的种类繁多，按是否有鼓风设备，产品分为电热恒温干燥箱和电热鼓风恒温干燥箱。现以电热鼓风恒温干燥箱为例予以介绍。

图2-21　电热恒温干燥箱

一、电热鼓风恒温干燥箱工作原理

电热恒温干燥箱的电热元件加热，其加热室旁侧装有离心风机，工作时将加热室中热空气鼓入左旁侧风道，然后进入工作室，经过热交换后，从右旁侧风道回到加热室，构成一个循环使箱体内温度均匀，温度控制器使干燥箱温度处于恒温状态。干燥箱的高温热源将热量传递给湿物料，使物料表面水分汽化并逸散到外部空间，从而在物料表面和内部出现湿含量的差别。内部水分向表面扩散并汽化，使物料湿含量不断降低，逐步完成物料整体的干燥。

二、电热鼓风恒温干燥箱结构

电热恒温干燥箱通常由型钢薄板构成，箱体内有一供放置试品的工作室，工作室内有试品搁板，试品可置于其上进行干燥，工作室内与箱体外壳有相当厚度的保温层，中以硅棉或珍珠岩作保温材料。箱门间有一玻璃门或观察口，以供观察工作室内情况。箱顶有排气孔，便于热空气和蒸汽逸出，箱底有进气孔。箱门为双层结构，内层为耐高温材质，外门为有绝热层的金属隔热门。加热部分多为电热丝，采用管状电热元件加热，接触器调节功率，控制温度。箱内装有鼓风机，工作室内空气借鼓风机促成机械对流。开启排气阀门可使工作室内空气得以更换，获得干燥效果，温度用仪表进行自动控温，控温仪、继电器及全部电气控制设备均装于箱侧控制层内，控制层有侧门可以卸下，以备检查或修理线路时用。自动温控装置通常采用差动棒式或接点水银温度计式的温度控制器，或者用热敏电阻作为传感器元件的温度控制器。

三、电热鼓风恒温干燥箱使用方法

1. 通电前，先检查干燥箱的电器性能，并应注意是否有断路或漏电现象，待一切准备就绪，可放入试品，关上箱门，旋开排气阀，设定所需要的温度值。

2. 物品放置箱内不宜过挤，以便冷热空气对流，不受阻塞，以保持箱内温度均匀。

3. 打开电源开关，干燥箱开始加热，随着干燥箱温度的上升，温度指示测量温度值。当达到设定值时，干燥箱停止加热，温度逐渐下降；当降到设定值时，干燥箱又开始加热，箱内升温，周而复始，可使温度保持在设定值附近。

4. 干燥箱温度升高后不宜打开箱门，以免内门炸裂。

5. 试样烘干后，待温度降至室温后取出物品，将设定温度调回室温，再关闭电源。

四、电热鼓风恒温干燥箱维护与常见故障排除

1. 使用前检查电源，要有良好地线，检修时应切断电源。

2. 干燥箱无防爆设备，切勿将易燃物品及挥发性物品放箱内加热。箱体附近不可放置易燃物品。箱内应保持清洁，搁架不得有锈，否则影响玻璃器皿清洁度。

3. 使用时应定时监看，以免温度升降影响使用效果或发生事故。鼓风机的电动机轴承应该每 6 个月加油 1 次。

4. 切勿拧动箱内感温器，放物品时也要避免碰撞感温器，否则影响温度控制。

本章小结

　　本章主要介绍显微镜、离心机、移液器、电热恒温水浴箱、电热恒温干燥箱和高压蒸汽灭菌器的工作原理、基本结构、仪器类型及应用和仪器的使用与维护等相关知识。重点掌握这些仪器的基本结构、使用和维护，熟悉仪器的分类和工作原理，了解仪器的常见故障及排除；会判断故障与基本维护；养成科学严谨的工作作风和精益求精的职业素养，具备生物安全和用电安全意识。

　　光学显微镜是可提供物质微细结构信息的光学仪器。包括光学系统和机械系统两大部分。光学显微镜种类有双目显微镜、荧光显微镜、倒置显微镜、相

衬显微镜、暗视场显微镜和其他类型光学显微镜。在实际应用中，根据被观察的样品性质及实验要求，考虑显微镜各性能参数的相互联系，合理配置和使用显微镜。日常使用显微镜时应该先认真阅读仪器说明书，明确使用规程及维护方法。

移液器的基本工作原理是通过弹簧的伸缩运动带动活塞来实现吸液和放液，移液量多少由活塞在活塞套内移动的距离来确定。移液量能否按照实验的要求精确量取，直接关系到检测结果的准确性和可靠性。移液器应根据使用频率进行维护，检查移液器是否清洁，尤其是注意吸液嘴连件部分，并进行检测和校准。根据具体使用情况采用相应的清洗及保养方法。

离心机是利用离心机转子高速旋转产生的强大离心力，使液体中微粒克服扩散加快沉降速度，将样品中不同沉降系数和浮力密度的物质分离开。按转速分为低速、高速、超速和专用离心机。随着离心方法的不断改进，离心机的类型也越来越新颖。新型离心机能配合多种转子、一机多用，专用离心机使离心方法逐渐走向规范化、标准化、专业化。

电热恒温水浴箱是实验室常用设备，可用于水浴恒温加热和其他温度试验，使用时严格按操作规程进行，同时做好仪器的维护与保养。

高压蒸汽灭菌器，利用加热产生蒸汽，随着蒸汽压力不断增加，温度随之升高，通常压力在103.4kPa时，器内温度可达121.3℃，维持15~30min，可杀灭包括芽孢在内的所有微生物。常用于一般培养基、生理盐水、手术器械及敷料等耐湿和耐高温物品的灭菌。

电热恒温干燥箱可以对各种试样进行烘焙、干燥及其他热处理，仪器性能稳定，控温精度高，密封效果好。

（王　迅　陈卓君）

 思考与练习

一、名词解释
1. 物镜
2. 目镜
3. 离心技术
4. 离心力

二、简答题
1. 试述普通光学显微镜的基本结构。

ER2-2

思维导图

2. 简述常用显微镜的种类。

3. 简述移液器的基本工作原理。

4. 简述离心机的种类及结构。

5. 说出高压蒸汽灭菌器的使用注意事项。

6. 说出电热恒温干燥箱的使用方法。

第三章 | 光谱分析相关仪器

03章 数字资源

知识目标：

1. 掌握朗伯－比尔定律的意义及应用范围，紫外－可见分光光度计的基本结构和功能。
2. 熟悉紫外－可见分光光度计的常见故障与处理。
3. 了解原子吸收分光光度计的基本原理及其基本结构。

能力目标：

1. 学会紫外－可见分光光度计、原子吸收分光光度计的使用。
2. 知晓紫外－可见分光光度计、原子吸收分光光度计的日常维护和保养。

素质目标：

1. 通过理论知识和实践技能的学习，具备利用所学知识解决在临床实际运用过程中的常见问题。
2. 具备学习相关新知识的理论基础。

光谱分析仪器作为临床实验室主要的检测仪器具有结构简单、操作方便、灵敏度高、准确度好等优点，在医学检验、预防医学、卫生检验、药物分析等方面已被广泛使用。

第一节　光谱分析技术概述

光谱分析法是基于物质发射的电磁辐射，或者物质与电磁辐射作用后产生的辐射信号以及信号变化进行定性和定量分析的方法。

按照原理的不同可将光谱分为吸收光谱和发射光谱。吸收光谱是由于物质对光的选择性吸收而产生的。发射光谱是指构成物质的分子、原子或离子受到辐射能、热能、电能或化学能的激发跃迁到激发态后，由激发态返回到基态时以辐射的方式释放能量而产生的光谱。任何光谱分析法均包含三个基本过程：①能源提供能量；②能量与被测物质相互作用；③产生被检测信号。

一、光谱分析技术基础理论

朗伯和比尔分别于1760年和1852年阐明了光的吸收定律，即朗伯－比尔定律。

1. 朗伯－比尔定律　是吸收光度法的基本定律，描述物质对单色光吸收的程度与吸光物质的浓度和液层厚度之间的定量关系。当一束单色光通过溶液后，由于溶液吸收了一部分光能，光的强度就会减弱。设入射光强度为 I_0，当透过吸光物质溶液的浓度为 C，液层厚度为 b 的溶液后，透射光强度为 I，透射光强度与入射光强度的比值称为透光度，也叫透射率，用 T 表示。透光度倒数的对数表示光被溶液吸收的程度，称为吸光度。

$$A=lg\,(1/T)=lg\,(I_0/I)=kbC$$

上式说明单色光通过吸光物质溶液时，其吸光度与液层厚度及溶液浓度的乘积成正比，此即为朗伯－比尔定律。

2. 朗伯－比尔定律的适用条件　①入射光为平行单色光：单色光纯度越低，对朗伯－比尔定律的偏离越大。②溶液浓度要低：溶液中邻近分子的存在并不改变每一给定分子的特性，即分子间互不干扰。当溶液浓度很大时，由于溶液分子的相互干扰，该定律不再成立。③适用于分子吸收和原子吸收。

二、光谱分析技术分类

利用被测定组分中的分子所产生的吸收光谱进行测定的分析方法，称为分子吸收法，包括可见与紫外分光光度法、红外光谱法；利用被测定组分中的分子所产生的发射光谱进行测定的分析方法，称为分子发射法，常见的有分子荧光光度法；利用被测定组分中的原子吸收光谱进行测定的分析方法，称为原子吸收法；利用被测定组分中的原子发射光谱进行测定的分析方法，称为原子发射法，包括发射光谱分析法、原子荧光法、X射线原子荧光法、质子荧光法等。

第二节　紫外－可见分光光度计

紫外－可见分光光度计的灵敏度高，仪器简单，快速可靠，易于掌握和推广。且仪器结构简单、操作简便、准确性好、造价相对低廉，是医学检验和临床医学上不可或缺的一种分析仪器。

一、紫外－可见分光光度计工作原理

紫外－可见光分光光度计的工作原理基于朗伯－比尔定律，由光源发出连续辐射光，经单色器按波长大小色散为单色光，单色光照射到吸收池，一部分被样品溶液吸收，且吸光度与液层厚度及溶液浓度的乘积成正比，未被吸收的光经检测器将光信号转变为电信号，并经信号显示系统调制放大后，显示或打印出吸光度。其通常在紫外－可见光区（200～800nm）进行分析（图3-1）。

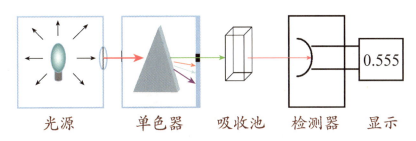

光源　　　单色器　　　吸收池　　检测器　　显示

图3-1　紫外－可见光分光光度计原理及结构示意图

二、紫外－可见分光光度计基本结构

紫外－可见分光光度计型号虽然较多，但结构上一般由光源、单色器、吸收池、检测器和显示系统五部分组成。

（一）光源

光源是提供入射光的装置。理想的光源应在广泛的光谱区域内发射连续光谱；具有足够的强度和良好的稳定性。对分子吸收测定来说，通常希望能连续改变测定波长进行扫描测定，故分光光度计要求具有连续光谱的光源。在紫外－可见分光光度计中，常用光源有热辐射光源（包括钨灯和卤钨灯）和气体放电光源（如氢灯和氘灯等）两类。

1. 钨丝灯或卤钨灯　钨丝灯能发射波长覆盖较宽的连续光谱，适用波长范围是350～1 000nm，常用于可见光区的连续光源。卤钨灯是在钨丝灯中加入适量的卤素或卤化物而制成。卤钨灯比普通钨丝灯的发光强度要高得多，使用寿命也延长了。

2. 氢灯或氘灯　氢灯和氘灯能发射出150～400nm波长范围的连续光谱。由于玻璃会吸收紫外光，故灯泡必须用石英窗或用石英灯管制成。氘灯比氢灯昂贵，但发光强度和使用寿命比氢灯增加约2～3倍。

（二）单色器

单色器是分光光度计的关键部件之一，是将光源的连续光谱按波长顺序色散，并分离出所需波段光束的装置。它由入射狭缝、出射狭缝、透镜和色散元件组成。狭缝宽度可以调节,狭缝越宽,光强度越大,但单色光纯度会降低。狭缝越窄,单色光纯度越高,但光强度下降,因此,狭缝需保持合适的宽度。透镜的作用是将来自入射狭缝的复合光变成平行光,并把来自色散元件的平行光聚焦于出射狭缝。色散元件的作用是将复合光分解为单色光,常用的色散元件有棱镜和光栅。单色器的性能直接影响出射光的纯度,从而影响测定的灵敏度、选择性及校准曲线的线性范围。棱镜单色器(图3-2)的色散率随波长变化,得到的光谱呈非均匀排列,传递光的效率降低;光栅单色器(图3-3)的分辨率在整个光谱范围内是均匀的,使用更为方便,因此现代紫外-可见分光光度计上多采用光栅单色器。

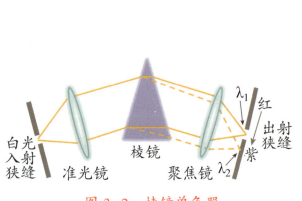

图3-2　棱镜单色器

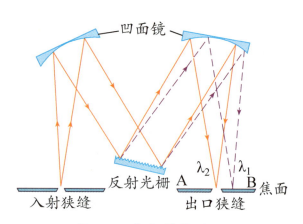

图3-3　光栅单色器

(三)吸收池

吸收池常称比色皿或比色杯,用来盛装被测溶液。按材料可分为玻璃吸收池和石英吸收池两种,用光学玻璃制成的吸收池,只能用于可见光区;用石英或熔凝石英制作的吸收池,适用于紫外光区,也可用于可见光区。吸收池的光程可在0.1~10cm变化,其中以1cm光程吸收池最为常用。盛空白溶液与盛试样溶液的吸收池应具有相同的厚度和透光性。吸收池应具有良好的透光性和较强的耐腐蚀性,两光面易损蚀,须注意保护。

(四)检测器

检测器的作用是检测通过吸收池后的光信号强度,并把光信号转变为电信号的装置。在紫外-可见分光光度计中,通常使用光电管或光电倍增管作检测器。

1. 光电管　光电管是由一个丝状阳极,通常用镍制成;一个光敏阴极组成的真空(或充少量惰性气体)二极管。阴极的凹面镀有一层碱金属或碱金属氧化物等光敏材料,这种光敏物质被足够能量光照射时,能够发射电子。当在两极间有电位差时,阴极发射的电子向阳极流动而产生电流。光愈强,发射的电子就愈多,电流就愈大。光电管有很高的内阻,所以产生的电流小,但容易放大。目前国产光电管有紫敏光电管,为铯阴极,适用于200~650nm;红敏光电管为银氧化铯阴极,适用于625~1 000nm。

2. 光电倍增管　当光照射很弱时,光电管所产生的电流很小,不易检测,故常用光电倍增管。光电倍增管的原理和光电管相似,结构上的差别是在光敏阴极和阳极之间还有几个倍增极(一般是9个),各倍增极的电压依次增高90V。光电倍增管放大倍数高,大大提高了仪器测量的灵敏度。但光电倍增管测强光时,光阴极和二次发射极容易疲劳,使信号漂移、灵敏度降低,并且光电倍增管可因阳极电流过大而损坏。

3. 光电二极管阵列　光电二极管阵列检测器为光学多道检测器,是在晶体硅上紧密排列一系列光电二极管,每一个二极管相当于一个单色器的出口狭缝。两个二极管中心距离的波长单位称为采样间隔,因此在二极管阵列分光光度计中,二极管数目愈多,分辨率愈高。光电二极管阵列不怕强光、耐振动、小型、耗电少、寿命长、光谱响应范围宽、量子效率高、可靠性高及读出速度快。

4. 电荷耦合器件(CCD)　是一种以电荷量表示光量大小,用耦合方式传输电荷量的新型固体多道光学检测器件。CCD具有自动扫描、动态范围大、光谱响应范围宽、体积小、功耗低、寿命长和可靠性高等优点。

(五)信号显示系统

信号显示系统是把检测器输出的信号经处理转换成透光度和吸光度再显示或记录下来的装置。显示方式有表头显示、数字显示等。有些仪器可直接读取浓度,配有计算机的可进行测定条件设置、数据处理、结果显示和打印。

三、紫外-可见分光光度计影响因素

分光光度计的设计原理是依据朗伯-比尔定律。由分光光度计的性能造成光吸收定律产生偏差的因素很多。

(一)单色光不纯的影响

光的吸收定律只有在入射光为单色光的情况下才能成立。由于单色器分辨率的限制及仪器的狭缝必须保持一定的宽度才能得到足够的光强度,因此,由单色器获得的光并不是严格意义上的单色光。因吸光物质对不同波长的光具有不同的吸收能力,从而导致朗伯-比尔定律的偏离。

(二)杂散光的影响

杂散光是指与所需波长相隔较远而不在谱带宽度范围内的光。杂散光的产生一般是由仪器存在瑕疵或受尘埃污染及霉蚀所引起。若待测溶液吸收杂散光,导致测量结果产生正偏差;若待测溶液不吸收杂散光,则产生负偏差。

(三)吸收池(比色皿)的影响

由于吸收池的质量问题或使用过程中造成损坏,吸收池不配套,透光面被污染上油污、指纹或有固体沉淀物,吸收池与光路不垂直等原因都可导致测量结果准确性降低。

（四）电压、检测器负高压波动的影响

分光光度计中都有稳压器以给各个供电部件提供稳定的电压。如果仪器电源电压波动过大，超过了仪器稳压范围或稳压效果不好，都可引起光源电压、检测器负高压的波动，造成光源光强度波动和检测器噪声增大，使测定准确度降低。

（五）其他因素的影响

除上述几项影响准确度因素外，吸光度读数误差、仪器工作环境（如有振动、温度和湿度不合适等）也可引起测量准确度降低。

四、紫外－可见分光光度计操作

722 SP 型分光光度计使用（视频）

紫外－可见分光光度计种类繁多，结构各有不同，所以操作存在一定差异，普通紫外－可见分光光度计操作简单，使用前需认真阅读操作手册，但高端扫描紫外－可见分光光度计操作步骤相对复杂。其基本操作流程是：①开机预热；②调零参数设置；③样品装载、测定及结果分析；④复位；⑤关机。

五、紫外－可见分光光度计性能指标与评价

紫外－可见分光光度计是利用物质对紫外－可见光区电磁辐射吸收光谱特征和吸收程度对物质进行定性和定量分析的仪器。在测定条件选择合理的前提下，紫外－可见分光光度计性能评价指标有波长准确度和重复性、光度准确度和线性范围、分辨率、杂散光、基线稳定度和平直度等。

六、紫外－可见分光光度计维护与常见故障处理

（一）紫外－可见分光光度计维护

紫外－可见分光光度计是由光、机、电等几部分组成的精密仪器，为保证仪器测定数据正确可靠，应注意正确地安装调试，按操作规程使用、保养等。

1. 仪器应置于适宜工作场所。环境温度 15～35℃；相对湿度不大于 80%；应放置在稳固的工作台上；周围无强电磁干扰、无有害及腐蚀气体。

2. 每次使用后检查样品室有无液体溢出，以防液体对部件的腐蚀；应放置硅胶袋防潮。

3. 长期不使用机器时，建议每隔 1 个月开机运行 1h。

（二）紫外－可见分光光度计常见故障处理

紫外－可见分光光度计常见故障与处理方法见表 3-1。

表3-1　紫外-可见分光光度计常见故障及其处理方法

故障现象	故障原因	处理方法
打开仪器后不启动	电源线连接松动 保险丝断裂	插紧电源线 更换保险丝
光源灯不亮	灯泡已老化损坏 保险管烧坏 电压异常	更换合格灯泡 更换保险管 检查电源电压
电流表指针无偏转（不动）	电流表活动线圈不通 放大系统导线脱焊或断线	检修或更换 按线路图检查接好
电流表指针左右摇摆不定	稳压电源失灵 仪器光源灯处有较严重的气浪波动 仪器光电管或光电倍增管暗盒内硅胶受潮	找出损坏元件更换 除去气浪源或更换仪器环境 更换干燥硅胶或烘干后使用
不能调零（即 0%T）	光门不能完全关闭 微电流放大器损坏	检修光门盖 更换微电流放大器
不能置 100%T	光能量不够 光源（钨灯或氘灯）损坏 比色器架没落位 光门未完全打开,或单色光偏离	调整光源及单色器 更换新的光源 摆正比色器架位置 检修光门使单色光完全进入
扫描样品时,显示一条直线	软件出现故障	退出操作系统,重新启动计算机,再次扫描
吸光值结果出现负值	没做空白记忆或样品吸光值小于空白参比液	做空白记忆,调换参比液或用参比液配制样品溶液
单色光波长位移	仪器搬运或受震导致	用干涉滤光片或镨钕滤光片进行波长校正
噪声指标异常	预热时间不够 光源灯泡老化 环境振动大,空气流速大 样品室不正 电压低,强磁场	需预热 20min 以上 更换光源灯泡 调换仪器运行环境 对正样品室 加稳压器,清除干扰

第三节　原子吸收分光光度计

原子吸收分光光度计是医学上常用临床检验仪器之一,其具有准确度高、灵敏度高、检出限低、选择性好、谱线简单、相互干扰小、分析速度快、仪器简单、操作方便、应用范围广等优点。缺点是工作曲线的线性范围窄,一般仅为一个数量级范围;不能测定共振线处于真空紫外区域的元素。

一、原子吸收分光光度计工作原理

原子吸收分光光度法又称原子吸收光谱法,其基本原理是从光源辐射出具有待测元素特征谱线的光,通过样品的原子蒸气时,被蒸气中待测元素的基态原子吸收,从基态跃迁到较高能级激发态,使透射光强度减弱。光波被吸收前后强度变化在一定条件下符合朗伯-比尔定律,从而对待测组分进行定量分析。

二、原子吸收分光光度计基本结构

原子吸收分光光度计基本结构与紫外-可见分光光度计相同,各种原子吸收分光光度计的结构基本相同,主要由光源、原子化器、分光系统、检测系统四部分构成(图3-4)。

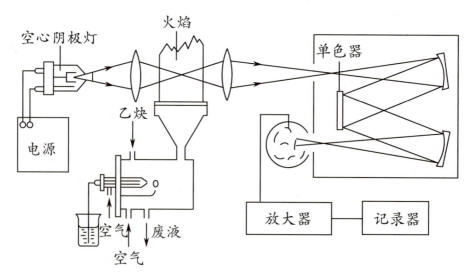

图3-4　原子吸收分光光度计基本结构示意图

(一)锐线光源

锐线光源的作用是发射待测元素特征谱线。常用光源为空心阴极灯。空心阴极灯是密封式的管形(图3-5),管壳由带有石英窗口的硬质玻璃制成,抽真空后充入低压(几百帕)惰性气体氖或氩。阳极为同心圆环状,是在钨棒上镶钛丝或钽片制成。阴极为空心圆筒形,是由待测元素的金属或其合金制成。当在阴阳极间施加200～500V的电压时,灯便开始辉光放电。阴极放出的电子在高速飞向阳极的途中与惰性气体分子碰撞使之电离。在电场的作用下,带正电荷的离子高速撞向阴极内壁,使待测元素的原子从晶格中溅射出来,溅射出来的待测元素的原子再与飞行中的电子、惰性气体分子及离子发生碰撞而被激发,在返回基态时发射出待测元素的特征谱线。

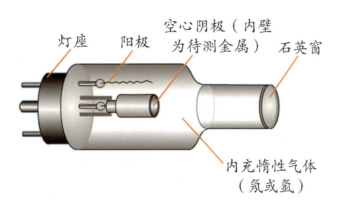

图 3-5　空心阴极灯构造

一般空心阴极灯为单元素灯,目前已研制出多元素(最多可测6～7种)空心阴极灯,可同时对样品中的多种元素进行分析。但多元素空心阴极灯的发射强度、灵敏度和使用寿命都不如单元素灯,且易产生干扰。

 知识链接

连续光源原子吸收光谱仪是原子光谱上划时代的革命性产品。连续光源原子吸收可以不用更换元素灯,利用一个高能量氙灯,可测量元素周期表中67个金属元素。而且还可能测量更多的元素(如放射性元素),并为研究原子光谱的基础理论提供了分析仪器保证。第一次开创性地实现了不需锐线光源的真正多元素原子吸收分析。

(二)原子化器

原子化器的作用是提供一定的能量,使试样中待测元素转变为基态原子蒸气,并使其进入光源辐射光程,在一定程度上相当于紫外-可见分光光度计的吸收池。常见原子化器主要有火焰原子化器和无火焰原子化器两大类。

1. 火焰原子化器　火焰原子化器是利用各种化学火焰的热能使试样中待测元素原子化的一种装置,其中应用最广泛的是预混合型原子化器,它由雾化器、雾化室和燃烧器三部分组成(图3-6)。

(1)雾化器:雾化器的作用是利用气体动力学原理使试液成为微米级气溶胶并导入雾化室。雾滴越小,火焰中生成的基态原子就越多。

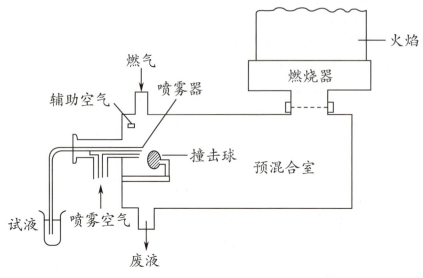

图 3-6　预混合型火焰原子化器

（2）雾化室：雾化室又称混合室，其作用是使微细的试样雾滴与燃气、助燃气充分混合均匀，小雾滴平稳地输送到燃烧器，大雾滴从回流废液管排出。

（3）燃烧器：燃烧器的作用是形成火焰，使待测元素在火焰中原子化。燃烧器喷口一般做成狭缝形，这种形状既可获得较长的原子蒸气吸收光程，提高方法的灵敏度，又可防止回火，保证操作安全。

2. 石墨炉原子化器　石墨炉原子化器是一种无火焰原子化器，其原理是将石墨管作为一个电阻，在通电时，温度可达 2 000～3 000℃，使待测元素原子化，故又称电热原子化器。它主要由炉体、石墨管和电、水、气供给系统组成（图 3-7）。为防止石墨管高温氧化，石墨管内外都通入惰性气体，另外在石墨炉原子化器中还设有冷却水循环系统，能迅速降低炉温并使石墨管表面温度低于 60℃，以便于新一轮进样分析。

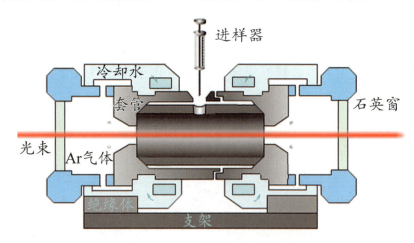

图 3-7　石墨炉原子化器

石墨炉原子化需经过干燥、灰化、原子化及净化四步程序。干燥的目的是在低温（100℃左右）下蒸发掉样品中所含溶剂；灰化的作用是在较高温度下（350～1 200℃）去掉样品中低沸点无机物及有机物，减少基体干扰；原子化的目的是将待测元素在原子化温度下（1 000~3 000℃），加热数秒钟，进行原子化，同时记录吸收峰值；净化则是使温度高于原子化温度 100~200℃除去残留物，消除记忆效应。

火焰原子化法操作简便、快速、稳定性好、精密度高。其缺点是原子化效率低，试液利用率低（约 10%），因此试液体积需要量较大（>1ml），原子在光路中滞留时间短以及燃烧气体膨胀对基态原子的稀释等使火焰原子吸收的灵敏度相对较低。与火焰原子化方法比较，石墨炉原子化法具有以下优点：①原子化效率高。由于基态原子在石墨管吸收区停留时间较长（约为火焰原子化法的 1 000 倍），原子化效率可达 90% 以上。②试样用量少，且可直接分析黏稠液体、悬浊液和一些固体样品。液体样品为 1~100µl，固体样品为 0.1~10g。③灵敏度高。由于基态原子在测定区停留时间长，几乎所有样品均参与光吸收，灵敏度比火焰原子化法提高 1~2 个数量级。④化学干扰小。石墨炉原子化法也有不足之处，主要表现为：①由于取样量小，样品组成不均匀性影响很大，因此，分析重现性差；②有较强的背景吸收和基体效应；③分析成本高，设备较复杂，操作亦不够简便。

（三）分光系统

分光系统是将待测元素的特征谱线与邻近谱线分开，其装置主要由狭缝、色散元件、凹面镜等组成。狭缝宽度影响光谱带宽和检测器接受的能量，狭缝宽度的选择应以去除分析线邻近干扰谱线为前提。色散元件一般用光栅，由于原子、吸收谱线本身比较简单，光源又是锐线光源，因而对分光系统分辨率的要求不是很高。为了防止原子化时产生的辐射不加选择地进入检测器，以及避免光电倍增管的疲劳，分光系统通常放在原子化器后，这是与紫外－可见分光光度计的主要不同点之一。

（四）检测系统

检测系统是由检测器、放大器、对数变换器和显示装置组成。检测器的作用是将接收到的光信号转变成电信号，然后再经放大器放大，同时把接收到的非被测信号滤掉。放大了的被测信号进入对数变换器进行对数变换，变成线性信号，最后由读出装置显示读数或由记录仪记录下来。

三、原子吸收分光光度计性能指标与评价

原子吸收分光光度计性能指标包括波长精密度和准确度、分辨率、灵敏度和检出限等，其中灵敏度和检出限是评价分析方法与仪器性能最为重要的指标。

（一）灵敏度

灵敏度是指在一定浓度时，测量值的变量（dA）与相应的待测元素浓度的变量（dC）之比。即 $S=dA/dC$，可得灵敏度就是校准工作曲线的斜率，表明吸光度对浓度的变化率，可以理解为单位被测元素浓度变化量引起的吸光度变化量。变化率越大，灵敏度越高。

（二）检出限

检出限是指在给定的分析条件和一定的置信度下可检出待测元素的最小浓度（相对检出限）或最小质量（绝对检出限）。反映仪器对某元素在一定条件下的检出能力。检出限越低，说明仪器性能越好，对元素的检出能力越强。

四、原子吸收分光光度计常见故障与处理

原子吸收分光光度计常见故障一般为没有吸收、波长偏差增大、重现性差、标准曲线弯曲、背景校正噪声大、废液不畅通等，故障产生的原因及处理方法见表3-2。

表3-2　原子吸收分光光度计常见故障及处理方法

故障现象	故障原因	处理方法
按下点火开关，火焰未点燃	空压机未开或压力不够 乙炔气未开或压力不够 紧急灭火开关打开 燃烧器安装不到位 废液液位无水或过少	开启并调节好空压机 开启并调节好乙炔开关 关闭 正确安装好燃烧器 加水
开机预热30min后，进行点火实验，没有吸收	波长选择不正确 电流选择过大 标准液不合适	选择好波长 降低工作电流 正确配制标准液
样品不进入仪器	温度过低、喷雾器不工作 毛细管阻塞	提高室内温度 疏通或更换毛细管
吸光度及能量不稳定	燃气不纯 燃气进入不稳 周围环境干扰	更换燃气 对应部位堵漏 减少环境干扰
指针回零不好	废液不通畅、雾化筒积水 燃气变化慢 空白污染	清除积水 调节燃气 排除污染
基线不稳、噪声过大	电压不稳 光源不稳	稳定电源 更换新的光源

　　本章学习重点是掌握光谱分析仪器基本结构和功能。光谱分析仪器的结构基本相同,主要由光源、吸收池(原子化器)、分光系统、检测系统四部分构成。光谱分析仪在医学检验、预防医学、卫生检验、药物分析等方面已被广泛使用。学习难点是光谱分析仪器的分析原理。光谱分析仪器的分析原理是基于物质发射的电磁辐射,或者物质与电磁辐射作用后产生的辐射信号以及信号变化进行定性和定量分析。它符合朗伯－比尔定律,即单色光通过吸光物质溶液时,其吸光度与液层厚度及溶液浓度的乘积成正比。在学习过程中注意比较各类光谱分析仪器的特点区别,注重从各类光谱分析仪器的原理理解其结构和功能;从而学会各类光谱分析仪器的使用方法及其正确的保养和维护。

（朱海东）

思考与练习

一、名词解释

1. 朗伯－比尔定律
2. 原子化器
3. 检出限

二、简答题

1. 朗伯－比尔定律的物理意义及其适用条件是什么?
2. 简述紫外－可见分光光度计基本结构及各部件功能。
3. 影响紫外－可见分光光度计的因素有哪些?
4. 简述原子吸收光谱仪的工作原理。

ER3-2

思维导图

第四章 | 血液分析相关仪器

04章 数字资源

第一节　血液细胞分析仪

知识目标：

1. 掌握血细胞分析仪、血凝仪、旋转式黏度计和毛细管黏度计、自动血沉分析仪的基本结构。

2. 熟悉血细胞分析仪的分类及联合检测型血细胞分析仪器的检测原理、网织红细胞检测原理、血红蛋白检测原理；血凝仪的分类、检测原理和特点；黏度计的检测原理和调校；自动血沉分析仪的类型和工作原理。

3. 了解血细胞分析仪性能指标、常见故障和排除及进展；血凝仪的性能指标及评价、临床应用和仪器的进展；旋转式黏度计和毛细管黏度计性能指标及评价；血沉自动分析仪的性能指标及评价。

能力目标：

1. 学会血液细胞分析仪、血凝仪、血液流变学分析仪、自动血沉分析仪的日常维护和保养。

2. 能够使用血液细胞分析仪、血凝仪、血液流变学分析仪、自动血沉分析仪。

素质目标：

1. 具有职业热情和专业自信，具备一定的分析和解决实际问题的能力。

2. 发扬关爱生命健康和无私奉献的精神，培养实事求是、吃苦耐劳、精益求精的工匠精神。

血液细胞分析仪（BCA）是指对一定体积全血内血液细胞异质性进行自动分析的常规检验仪器。其主要功能是血细胞计数、白细胞分类、血红蛋白测定及相关参数计算等。传统的血液细胞分析（简称血常规）是通过显微镜完成细胞计数与分类、通过比色计检测血红蛋白。随着医学科技的发展，血液细胞分析带来了跨越式的发展。20 世纪 40 年代末，美国科学家库尔特发明了粒子计数技术，并于 1953 年研制了世界上第一台血液细胞分析仪运用于临床检验中（图 4-1）。当时这种仪器只有一个检测通道，仅能进行红细胞、白细胞计数。20 世纪 60 年代末，在原来的基础上增加了血红蛋白、红细胞平均体积、平均血红蛋白含量、平均血红蛋白浓度和血细胞比容等测定参数。20 世纪 70 年代专用的血小板计数仪问世。随着计算机技术的应用，血小板和红细胞可在一个通道同时计数，20 世纪 80 年代，双检测通道、多参数血液细胞分析仪相继研制成功，增加了红细胞体积分布宽度、血小板比容及平均体积、白细胞分类计数等参数的检测；白细胞两分群、三分群、五分群血液细胞分析仪先后投入临床应用。自 20 世纪 90 年代以来，多功能、多参数血液细胞分析仪不断更新换代，血液细胞分析仪由阻抗型的 18 个参数，发展至今天的 46 个参数之多，血液细胞分析仪不仅在世界各地，而且在我国各级医院都得到了普及应用，成为医院进行血常规检查的必备机器。

图 4-1 第一台血液细胞分析仪

一、血液细胞分析仪类型和特点

（一）类型

血液细胞分析仪种类很多，根据自动化程度可分为半自动血液细胞分析仪、全自动血液细胞分析仪、血细胞分析工作站、血细胞分析流水线；根据检测原理可分为电容型、光电型、激光型、电阻抗型、联合检测型、干式离心分层型、无创型；根据对白细胞的分类水平可分为二分群、三分群、五分群（图 4-2）、五分群 + 网织红细胞型分析仪。各种仪器采用的原理和技术不同，提供的检测参数也不尽相同。

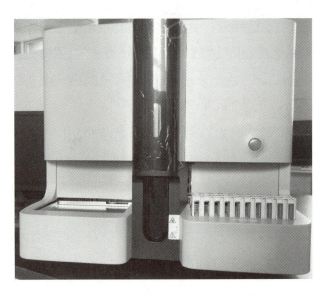

图 4-2　临床常用血液细胞分析仪

（二）特点

血液细胞分析仪具有重复性好、准确性高、精确度高、速度快、提供参数多及便于质控等特点，为临床诊断提供快速而准确的参数指标和检测结果。不同类型的血液细胞分析仪的主要特点如下。

1. 单纯电阻抗法三分群血液细胞分析仪的特点

（1）检测参数：20 项左右，包括红细胞、白细胞、血小板计数及相关参数。

（2）白细胞分类：能对白细胞进行三分群。

（3）直方图：提供红细胞、白细胞和血小板三种直方图。

（4）报警功能：以文字和 / 或图标显示异常检测结果的信息。

2. 综合检测型血液细胞分析仪特点

（1）检测参数：20～40 项，除了可以检测三分群血液细胞分析仪检测参数外还可以检测网织红细胞计数及其相关参数和提示幼稚细胞的功能。

（2）白细胞分类：能对白细胞进行五分类。

（3）直方图和散点图：提供三种直方图和白细胞分类的散点图。

（4）报警功能：以文字和 / 或图标显示异常检测结果的信息。

3. 自动化程度　半自动血液细胞分析仪通常需要人工稀释标本，而全自动的血液细胞分析仪只需提供合格的抗凝全血就能完成全部操作，输出打印结果。目前，血液细胞分析仪尚不具备识别红细胞、白细胞和血小板的能力，因此，只能用作健康人血液一般检验的筛检之用，尚不能完全替代显微镜检查。

二、血液细胞分析仪检测原理

血液细胞分析仪根据其检测原理可分为电阻抗型、联合检测型等，其中电阻抗型主要是应用电阻抗法,而电阻抗法是血液分析仪的设计基础。

(一)电阻抗法血液细胞检测原理(库尔特原理)

血细胞与等渗电解质溶液相比为不良导体,其电阻值比稀释液大;当血细胞通过检测器微孔的孔径感受区时,检测器内外电极之间的恒流电路上,电阻值瞬间增大。根据欧姆定律:在恒流电路上,电阻变大时电压也必然增大。故产生一个电压脉冲信号;产生的电压脉冲信号数,等于通过的细胞数,脉冲信号幅度大小与细胞体积大小成正比(图4-3)。各种大小不同细胞产生的脉冲信号分别送入计算机的各个通道,经运算得出白细胞、红细胞、血小板数及相关参数。

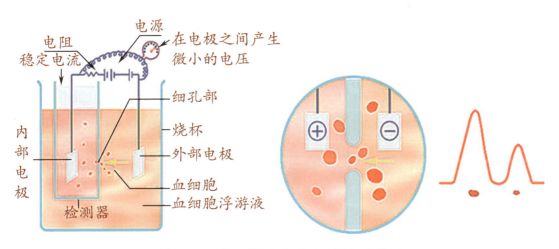

图4-3　电阻抗法血液细胞检测原理

(二)联合检测型血液细胞分析仪检测原理

联合检测型血细胞分析仪主要体现在白细胞分类部分的改进,联合使用多项技术(流式细胞技术、激光、射频、电导、电阻抗联合检测、细胞化学染色等)同时分析一个细胞。综合分析试验数据,从而得出较为准确的白细胞"五分群"结果。其共有特点是:均使用了流式细胞技术,形成流体动力聚焦的流式通道,使单细胞流在鞘液的包裹下逐一通过检测,将重叠计数限制到最低限度(图4-4)。

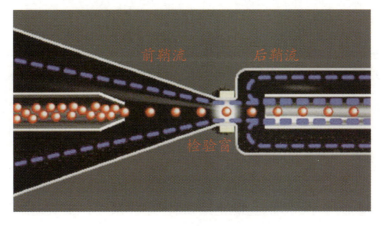

图4-4　鞘流技术

1. 容量、电导、光散射联合检测技术　又称 VCS 技术。体积表示应用电阻抗原理测定细胞体积。电导性用于根据细胞能影响高频电流传导的特性,采用高频电磁探针,测量细胞内部结构、细胞内核浆比例、质粒大小和密度,从而区别体积完全相同而性质不同的两个细胞。光散射表示对细胞颗粒的构型和颗粒质量的鉴别能力。使用 VCS 技术后,每个细胞通过检测区时,接受三维分析,仪器根据细胞体积、传导性和光散射的不同,综合分析三种检测方法的测定数据,定位到三维散点图的相应位置,全部细胞在散点图上形成了不同的细胞群落图。

2. 光散射与细胞化学联合检测技术　该技术是应用激光散射与细胞化学染色技术对白细胞进行分类计数。其白细胞分类原理是利用细胞大小不同,其散射光强度也就有差异,再结合五种白细胞过氧化物酶活性的差异(嗜酸性粒细胞 > 中性细胞 > 单核细胞。淋巴细胞和嗜碱性粒细胞均无此酶)进行分类。使用该技术的仪器还可同时提供异型淋巴细胞、幼稚细胞的比例及网织红细胞分类。不同厂家所使用光散射角度和细胞化学染料有所不同。

3. 多角度激光散射、电阻抗联合检测技术　该技术是通过测定同一个白细胞在激光照射后多个角度不同散射光强度将白细胞分类;同时用电阻抗法计数红细胞、血小板或某一类白细胞。

4. 电阻抗、射频与细胞化学联合检测技术　利用电阻抗、射频细胞计数技术结合细胞化学技术,通过 4 个不同的检测系统对白细胞、幼稚细胞进行分类和计数。包括:①嗜酸性粒细胞检测系统;②嗜碱性粒细胞检测系统;③淋巴细胞、单核细胞和粒细胞(中性粒细胞、嗜碱性粒细胞、嗜酸性粒细胞)检测系统;④幼稚细胞检测系统。

（三）血液细胞分析仪网织红细胞检测原理

采用激光流式细胞分析技术与细胞化学荧光染色技术联合对网织红细胞进行分析,即利用网织红细胞中残存的 RNA,在活体状态下与特殊的荧光染料(新亚甲蓝、氧氮杂芑 750、碱性槐黄 O 等)结合;激光激发产生荧光,荧光强度与 RNA 含量成正比;用流式细胞技术检测单个的网织红细胞的大小和细胞内 RNA 的含量及血红蛋白的含量;由计算机数据处理系统综合分析检测数据,得出网织红细胞计数各参数和散点图。

（四）血红蛋白测定原理

除干式、无创型外,其他类型血液细胞分析仪对血红蛋白测定都采用光电比色原理。

国际血液学标准化委员会(ICSH)推荐的氰化高铁血红蛋白(HiCN)法的最大吸收峰在 540nm,仪器血红蛋白的校正必须以 HiCN 值为准。

三、血液细胞分析仪主要组成部分

各类型血液细胞分析仪原理、功能不同,结构亦不相同。主要由血细胞检测系统、血红蛋白测定系统、机械系统、电子系统、计算机和键盘控制系统以不同形式的组合而构成。

（一）血细胞检测系统

1. 电阻抗型检测系统　电阻抗型检测系统包括检测器、放大器、甄别器、阈值调节器、检测计数系统和自动补偿装置组成。这类检测系统主要应用于二分群、三分群仪器中。

（1）检测器（信号发生器）：由测样杯、小孔管（个别仪器为微孔板片）、内外部电极等组成。仪器配有两个小孔管，一个小孔管的微孔直径约为 $80\mu m$，用来测定红细胞和血小板；另一个小孔管微孔直径约为 $100\mu m$，用来测定白细胞总数及分类计数。外部电极上安装有热敏电阻，用来监视补偿稀释液的温度，稀释液的温度高时会使其导电性增加，使发出的脉冲信号变小。

（2）放大器：将血细胞通过微孔产生的微伏级脉冲电信号放大为伏级的脉冲信号，以便触发下一级电路。

（3）阈值调节：仪器计数不同细胞需设定不同的阈值。通过与甄别器配合避免非计数对象产生的假信号传入计数系统。

（4）甄别器：根据阈值调节器提供的参考电平值，将细胞产生的脉冲信号接收到设定的通道中，每个脉冲的振幅必须位于每个通道参考电平之内。白细胞、红细胞、血小板由它们各自的甄别器进行识别，再行计数。

（5）整形器：将 V 形波调整为标准一致的平顶波。

（6）计数系统：由检测器产生的脉冲信号，经计算机处理后以体积直方图显示特定细胞群中的细胞体积和细胞分布情况。在进行血细胞分析时，白细胞为一个检测通道，红细胞和血小板为一个检测通道，分别进行计数分析。

补偿装置：近代血液细胞分析仪都有补偿装置，在白细胞、红细胞、血小板计数时，对复合通道丢失进行自动校正，也称重叠校正，以保证结果的准确性。理想的检测是血细胞逐个通过微孔，一个细胞只产生一个脉冲信号，以进行正确的计数。但在实际测定循环中，常有两个或更多的细胞重叠同时进入孔径感应区内，此时，电子传导率变化仅探测出一个单一的高或宽振幅脉冲信号，由此引起一个或更多的脉冲丢失，使计数较实际结果偏低，这种脉冲减少称为复合通道丢失（又称重叠损失）。

2. 流式光散射检测系统　由激光光源、检测装置和检测器、放大器、甄别器、阈值调节器、检测计数系统和自动补偿装置组成。这类检测系统主要应用于五分群、五分群＋网织红细胞计数的仪器中。

（1）激光光源：多采用氩离子激光器、半导体激光器提供单色光。

（2）检测装置：主要由鞘流形式的装置构成，以保证细胞悬液在检测液流中形成单个排列的细胞流。

（3）检测器：散射光检测器系光电二极管，用于收集激光照射细胞后产生的散射光信号；荧光监测器系光电倍增管，用以接收激光照射的荧光染色后细胞产生的荧光信号。

（二）电学系统

电学系统包括主电源、电压元器件、控温装置、自动真空泵电子控制系统，以及仪器的自动监控、故障报警和排除等。

（三）机械系统

机械系统包括机械装置（如全自动进样针、分血器、稀释器、混匀器、定量装置等）和真空泵，以完成样本的定量吸取、稀释、传送、混匀，以及将样本移入各种参数的检测区。此外，机械系统还兼有清洗管道和排出废液的功能。

（四）血红蛋白测定系统

血红蛋白测定系统由光源、透镜、滤光片、流动比色池和光电传感器等组成。

（五）计算机和键盘控制系统

内置计算机在血液细胞分析仪中的广泛应用使其参数不断增加。微处理器（MPU）具有完整的计算机中央处理单元（CPU）的功能，包括算数逻辑部件（AIU）、寄存器、控制部件和内部总线四个部分。此外还包括存储器、输入/输出电路。输入/输出电路是CPU和外部设备之间交换信息的接口。外部设备包括显示器、键盘、磁盘、打印机等。键盘控制系统是血液细胞分析仪的控制操作部分，键盘通过控制电路与内置电脑相连，主要有电源开关、选择键、重复计数键、自动/手动选择、样本号键、计数键、打印键、进纸键、输入键、清除键、清洗键、模式键等。

四、血液细胞分析仪工作过程

1. 白细胞检测　电阻抗法白细胞分类是较粗的筛选方法。白细胞脉冲大小是由它在被计数溶血液（加溶血素后剩白细胞的悬液）中体积大小决定的，它不同于外周血中的细胞形态。故白细胞体积大小是由胞体内有形物质多少所决定的，仪器将白细胞体积从30～450fl（随仪器厂家设计不同有差异）分为256个通道，每个通道1.64fl，计算机依据体积大小分别将其放在不同的通道中，可得白细胞体积分布图。其中第一群是小细胞区，主要是淋巴细胞，体积在35～90fl；第二群是单个核细胞区，也称中间细胞群（MID），体积在90～160fl，包括单核细胞、嗜酸性粒细胞、嗜碱性粒细胞、核左移的白细胞、原始或幼稚阶段白细胞；第三群为大细胞区，主要是中性粒细胞，体积可达160fl以上。

2. 红细胞和血小板检测　红细胞和血小板共用一个小孔管，正常人红细胞体积和血小板体积间有一个明显界限，因此血小板计数准确、容易。当血细胞悬液中含有异常血细胞（如小红细胞）时，划分界限不清，为使血小板计数有较高的准确性，CPU对血小板和红细胞分布图进行判断，将血小板计数的上限阈值判定线放在红细胞和血小板分布图交叉部分的最低处计数，即浮动界标技术。

仪器通过各系统的有机配合，完成对血细胞的分析。全自动和半自动血液细胞分析仪的工作流程大致相同（图4-5）。

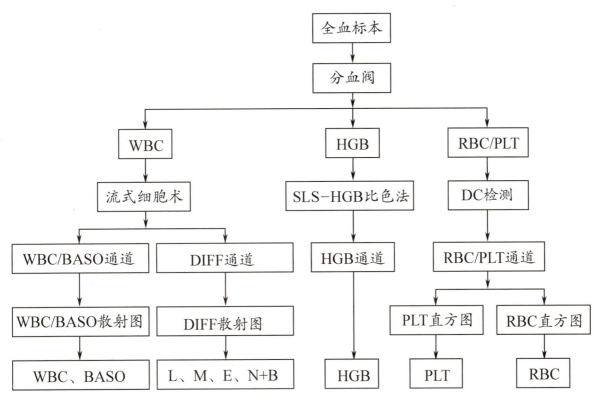

图 4-5　血液细胞分析仪工作流程图

WBC：白细胞；HGB：血红蛋白；RBC：红细胞；PLT：血小板；SLS：十二烷基磺酸钠；DC：分类；BASO：嗜碱性粒细胞；DIFF：迪夫；L、M、E、N+B：各类白细胞代号。

五、血液细胞分析仪操作

血液细胞分析仪的操作包括以下几个关键步骤：

1. 开机　①检查各试剂量、废液量；②依次打开稳压电源、打印机电源、血液细胞分析仪电源、主机电源、终端计算机电源；③仪器自动系统检测通过后，进入检测状态；④达到检测环境条件后，仪器提示可以进行工作。

2. 测试前准备　①试剂准备：按照测试检验项目做好试剂准备；②选择测试项目：从仪器菜单选择要测试的检验项目。

3. 测试　①进行室内质控：按要求记录并进行结果分析，观察各指标，测量结果在允许范围后进行样本检测；②患者标本准备，按要求编号、放于样本托架上；③患者信息录入，手工输入标本名称或患者名称；④样本检测，再次确认标本位置后，按"测试"键进行检测。

4. 结果输出　①设置好自动传输模式后，检测结果将自动传输到终端计算机上；②结果经审核确认后，打印报告单。

5. 关机　①试验完毕后清洗保养：按"清洗保养"键，退出菜单。②关机：关闭主机电源、仪器电源、终端计算机电源、打印机电源等。

六、血液细胞分析仪评价

血液细胞分析仪
使用（视频）

根据国际血液学标准化委员会（ICSH）对血细胞分析仪的评价方案,对于新安装或维修后的血液细胞分析仪都要进行性能测试评价,包括:①仪器基本情况、仪器手册、方法学评价;②试剂、校准品和质控品;③标本及处理;④常规血细胞计数研究参考区间;⑤原始结果记录、预评价;⑥性能评价指标。其中性能评价指标是血液细胞分析仪评价的主要内容,包括稀释效果、精密度、可比性、准确度、携带污染率、总重复性以及白细胞分类的评价。合格者方可使用,以保证检验质量。

2014年,ICSH关于血液分析仪性能评价指南对上述指标做了补充与修订,包括进样模式、精密度、携带污染、线性、标本稳定性、参考区间、准确度、可比性、白细胞分类参考方法、数字成像血液系统、流式细胞术免疫表型计数法、异常细胞报警、质量保证、血液分析仪地区性确认/转移、效率、即时检测（POCT）分析仪评价的特殊注意事项等。

七、血液细胞分析仪器维护与常见故障排除

血液细胞分析仪是精密电子仪器,测量电平低,涉及多项先进技术,结构复杂,易受各种干扰,在安装使用之前,应认真详细地阅读仪器操作说明书,确保仪器正常运行。国内以电阻抗型血液细胞分析仪居多,在安装使用过程中,特别应注意以下几个问题:

（一）血液细胞分析仪维护

1. 安装环境　适宜的温度、湿度、环境清洁、电压稳定和良好的接地是安装使用好血液细胞分析仪的几个主要因素。

2. 维护

（1）检测器维护:检测器微孔为血细胞计数的换能装置,是仪器故障常发部位,做好它的保养,对保证仪器正常工作有重要意义。全自动血液细胞分析仪为自动保养,半自动血液细胞分析仪则应每天关机前按说明书要求对小孔管的微孔进行清理冲洗。任何情况下,都必须使小孔管浸泡于新的稀释液中。按厂家要求,定时清洗检测器:计数期间,每测完一批样本,按几次反冲装置,以冲掉沉淀的变性蛋白质;每日清洗工作完毕,用清洗剂清洗检测器3次,并把检测器浸泡在清洗剂中;定期卸下检测器,用3%~5%次氯酸钠浸泡清洗,再用放大镜观察微孔清洁度。

（2）液路维护:目的是保持液路内部清洁,防止细微杂质引起计数误差。清洗时在

样本杯中加20ml机器专用清洗液（加酶更好），按动几次计数键，使比色池和定量装置及管路内充满清洗液，然后停机浸泡一夜，再换用稀释液反复冲洗后使用。仪器长期不用时，应将稀释液导管、清洗剂导管、溶血剂导管等置于去离子水中，按数次计数键，冲洗去液体管道内稀释液，充满去离子水。

（3）机械传动部分维护：先清理机械传动装置周围的灰尘和污物，再按要求加润滑油，防止机械疲劳、磨损。

（二）常见故障及排除

现代血液细胞分析仪有很好的自我诊断功能，有故障发生时，内置电脑的错误检查功能显示出"错误信息"，并伴有警报声。

1. 开机时常见故障

（1）开机指示灯及显示屏不亮：检查电源插座、电源引线、保险丝。

（2）"RBC 或 WBC 吸液错误"：稀释液供应不足或进液管不在正确的位置上。解决办法：提供稀释液、正确连接进液管。

（3）"RBC 或 WBC 电路错误"：多为计数电路中的故障，参照使用说明书检查内部电路，必要时更换电路板。

（4）"测试条件需设置"：备用电池没电或电路断电，导致储存的数据丢失时有该信息提示。解决办法：更换电池，重新设置定标系统或其他条件，然后计数样本。

2. 测试过程中常见的错误信息

（1）堵孔：检测器微孔堵塞是影响检验结果准确性最常见的原因。根据微孔堵塞的程度，将其分为完全堵孔和不完全堵孔两种。当检测器小孔管的微孔完全阻塞或泵管损坏时，血细胞不能通过微孔而不能计数，仪器在屏幕上显示"CLOG"，为完全堵孔。而不完全堵孔主要通过下述方法进行判断：①观察计数时间；②观察示波器波形；③看计数指示灯闪动；④听仪器发出的不规则间断声音。

常见堵孔原因与处理方法：①仪器长时间不用，试剂中的水分蒸发、盐类结晶堵孔，可用去离子水浸泡，待完全溶解后，按"CLEAN"键清洗；②末梢采血不顺或用棉球擦拭微量取血管；③抗凝剂量与全血不匹配或静脉采血不顺，有小凝块；④小孔管微孔蛋白沉积多，需清洗；⑤样本杯未盖好，空气中的灰尘落入杯中。后四种原因，一般按"CLEAN"键进行清洗，若不行，需小心卸下检测器按仪器说明书进行清理。

（2）"气泡"：多为压力计中出现气泡，按"CLEAN"键清洗，再测定。

（3）"噪声"提示：多为测定环境中有噪声干扰、接地线不良或泵管小孔管较脏所致。将仪器与其他噪声大的设备分开，确认良好接地，清洗泵管或小孔管。

（4）"流动比色池"提示或HGB测定重现性差：多为HGB流动池污染所致。按CLEAN键清洗HGB流动池。若污染严重，需小心卸下比色杯，用3%~5%的次氯酸钠溶液清洗。

（5）"溶血剂错误"提示：多因溶血剂与样本未充分混合。处理办法：重新测定另一

个样本。

（6）细胞计数重复性差：多为小孔管脏或环境噪声大。处理办法同（1）和（3）。

八、血液细胞分析仪进展与应用展望

随着电子技术、流式细胞技术、激光技术、计算机和新荧光化学物质等多种高新技术在临床检验工作中的应用，使血液细胞分析仪在自动化程度、先进功能和完美设计方面提高到了一个崭新的阶段。自20世纪80年代以来，世界各血液细胞分析仪厂家从以下几个方面，使血液细胞分析技术得到了长足的发展：

（一）仪器测试原理不断创新

1. 白细胞分类的改进 即由电阻抗法按白细胞体积的"两分群""三分群"发展到集多种物理化学方法处理白细胞、用先进的计算机技术区分、辨别经上述方法处理后的各细胞间的细微差异，综合分析试验数据，得出较为准确的白细胞分类结果。迄今为止主要有前述的四种类型。

2. 红细胞和血小板计数原理的改进

（1）二维激光散射法测定红细胞：克服了电阻抗法在病理情况下测定的平均红细胞体积（MCV）、平均红细胞血红蛋白浓度（MCHC）结果不准的问题。测定时，先使自然状态下双凹盘状扁平圆形的红细胞成球形，并经戊二醛固定，其目的是使红细胞无论以何种方式通过测试区时，所得散射光强度都相同，该处理并不影响红细胞平均体积检测。仪器根据低角度（2°～3°）光散射强度测量单个红细胞体积与总数；高角度（5°～6°）光散射强度反映单个红细胞血红蛋白浓度，经计算机处理，准确得出MCV、平均红细胞血红蛋白含量（MCH）、MCHC测定值，绘出红细胞散点图、单个红细胞体积及红细胞内血红蛋白含量的直方图，并换算出红细胞体积分布宽度（RDW）和红细胞血红蛋白分布宽度（HDW）等参数。

（2）二维激光散射法测定血小板：同上述红细胞测定一样。

（二）新血液细胞分析参数不断出现

自20世纪90年代以来，多功能、多参数血液细胞分析仪不断出现，由电阻抗型的18个参数，发展至今天的46个参数之多，产生了许多非传统新参数，为临床研究疾病的发生、发展与分类、诊断与鉴别诊断、疗效监测与预后估计等提供了新的思路和新的手段及新的标准，大大丰富了临床血液学的检验内容，促进了血液学的发展。

（三）各种特殊技术应用

为了保证检测结果精确性，各血液细胞分析仪生产厂家采用了不同的先进技术：①运用双鞘流技术、柔变轮廓分类技术、智能微数技术、核酸荧光染色技术，提高细胞计数和分类准确性及对网织红细胞、异常细胞的辨认能力；②运用鞘流技术、扫流技术、隔板技术、浮动界标和拟合曲线技术等，保证血小板计数的精确性；③仪器自动保护技术：采用反冲或瞬间燃烧电路排堵技术、管道和进样针自动清洗及故障自检功能；④密封双旋转阀"截取血样"技术，以避免单阀有磨损时造成稀释后的巨大误差；⑤双通道进样、双定标程序的使用：为避免末梢血与静脉血（因其间的固有差异）在使用同一通道及同一定标程序校正仪器时引起的计数误差，分别采用末梢血计数通道、静脉血计数通道，并特地设置两套定标程序，即分别对静脉血和末梢血结果进行校正，从而有效保证末梢血与静脉血结果的一致性。

（四）仪器自动化水平的提高

20世纪80年代以前，主要使用半自动血液细胞分析仪。自1980年以来，全自动多功能多参数白细胞三分群、五分群血液细胞分析仪不断涌现，仪器自动化程度也日新月异。如网织红细胞分析仪由单独专用，发展到与血细胞分析仪合为一体；血液先机外预染再行测定，发展到目前，和全血细胞计数（CBC）一样直接进行自动分析测定。如"模块式全自动血细胞分析流水线"，完全实现了血液学实验室全自动化。

（五）无创性全血液细胞分析仪研究

无创性体内全血液细胞测定，开创了血液细胞分析的新纪元，它基于微循环的可视性将微血管的成像送至电脑成像分析系统，对不同种细胞的不同成像特征进行分析比较和计数，从而得出各种细胞数及有关参数。该分析技术操作简便、快速、无创伤、无污染、不用试剂，尤其适宜于儿科和急诊及经常需做该项检查的各类患者，在未来有较大的使用优势和潜在的应用前景。

第二节　血液凝固分析仪

血液凝固分析仪简称血凝仪（ACA），是血栓与止血分析的专用仪器，可检测多种血栓与止血指标，广泛应用于术前出血项目筛查、协助凝血障碍性疾病、血栓栓塞性疾病的诊断及溶栓治疗的监测等方面，是目前血栓与止血实验室中使用的最基本的设备。

一、血凝仪类型及特点

临床常用血凝仪按自动化程度可分为半自动血凝仪、全自动血凝仪及全自动血凝工作站。按检测原理又可分为电流法、光学法、磁珠法、超声波法血凝仪。

1. 半自动血凝仪　需手工加样加试剂，操作简便、检测方法少、价格便宜、速度慢，测量精度好于手工血凝仪，但低于全自动血凝仪，主要检测一些常规凝血项目（图4-6）。

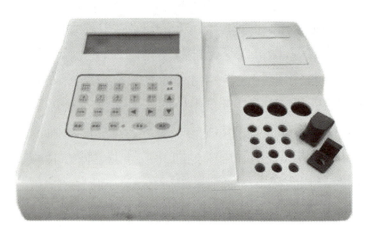

图 4-6　半自动血凝仪

2. 全自动血凝仪　自动化程度高、检测方法多、通道多、速度快、测量精度好,但价格昂贵,对操作人员素质要求高,除对常规凝血、抗凝、纤维蛋白溶解系统等项目进行全面的检测外,还能对抗凝、溶栓治疗进行实验室监测(图 4-7)。

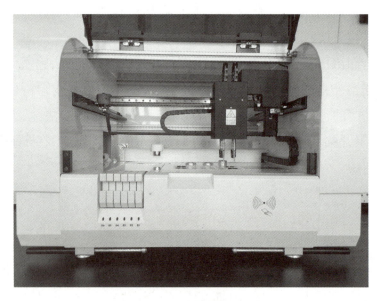

图 4-7　全自动血凝仪

3. 全自动血凝工作站　由全自动血凝仪、移动式机器人、离心机等组成,可进行样本自动识别和接收、自动离心、自动放置、自动分析、分析后样本的分离等。该系统还可与其他自动化实验室系统相结合,以实现全实验室自动化。

二、血凝仪检测原理

血凝仪检测原理主要有凝固法、底物显色法、超声波法、免疫学方法。而凝固法根据具体检测手段又分为电流法、超声分析法、光学法和磁珠法四种,国内血凝仪以光学法和磁珠法两种方法最为常用。

1. 凝固法　早期仪器采用模拟手工的方法钩丝（钩状法），依靠凝血过程中纤维蛋白原转化为纤维蛋白丝可导电的特性，当通电钩针离开样本液面时，纤维蛋白丝可导电来判定凝固终点。该法由于终点判断很不准确被淘汰。现在通过检测血浆在凝血激活剂作用下的一系列物理量（光、电、机械运动等）的变化，再由计算机分析所得数据并将之换算成最终结果，故也称生物物理法。

（1）光学法：是根据血浆凝固过程中浊度变化导致光强度变化来确定检测终点。故又叫比浊法。光学法血凝仪试剂的用量只有手工测量的一半。当向样品中加入凝血激活剂后，随着样品中纤维蛋白凝块的形成过程，样品光强度逐步增加，仪器把这种光学变化描绘成凝固曲线，当样品完全凝固以后，光强度不再变化。通常是把凝固起始点作为 0，凝固终点作为 100%，把 50% 作为凝固时间。光探测器接收这一光的变化，将其转化为电信号，经过放大再被传送到监测器上进行处理，描出凝固曲线。根据不同的光学测定原理，又可分为散射比浊法和透射比浊法两类。

（2）磁珠法：现代磁珠法被称为双磁路磁珠法。双磁路磁珠法的测试原理是：测试杯两侧有一组驱动线圈，它们产生恒定的交变电磁场，使测试杯内特制的去磁小钢珠保持等幅振荡运动。凝血激活剂加入后，随着纤维蛋白的产生增多，血浆的黏稠度增加，小钢珠的运动振幅逐渐减弱，仪器根据另一组测量线圈感应到小钢珠运动的变化，当运动幅度衰减到 50% 时确定凝固终点。双磁路磁珠法中的测试杯和钢珠都是专利技术，有特殊要求。测试杯底部的弧线设计与磁路相关，直接影响测试灵敏度。小钢珠经过多道工艺特殊处理，完全去掉磁性。在使用过程中，加珠器应远离磁场，避免钢珠磁化。为了保证测量的正确性，钢珠应当一次性使用。

2. 底物显色法　通过测定产色底物吸光度变化来推测所测物质的含量和活性，故也称生物化学法。其实质是光电比色原理，通过人工合成，与天然凝血因子氨基酸序列相似，并且有特定作用位点的多肽；该作用位点与呈色的化学基团相连；测定时由于凝血因子具有蛋白水解酶活性，它不仅能作用于天然蛋白质肽链，也能作用于人工合成的肽段底物，从而释放出呈色基团，使溶液呈色，呈色深浅与凝血因子活性成比例关系，故可对凝血因子进行精确定量。该法灵敏度高、精密度好，易于自动化，为血栓、止血检测开辟了新途径。

3. 超声波法　凝血过程使血浆超声波衰减程度判断终点。只能进行半定量，项目少，目前已经较少使用。

4. 免疫学方法　以纯化的被检物质为抗原，制备相应的抗体，然后利用抗原抗体反应对被检物进行定性或定量测定。常用方法有免疫扩散法、火箭电泳法、双向免疫电泳法、酶标法、免疫比浊法。血凝仪使用免疫比浊法等。详细情况可参考其他书籍。

三、血凝仪主要组成部分

目前半自动血凝仪主要由样品、试剂预温槽、加样器、检测系统(光学、磁场)及微机组成。全自动仪器除上述部件外,还增加了样品传送及处理装置、试剂冷藏位、样品及试剂分配系统、检测系统、计算机、输出设备及附件等。有的还配备了发色检测通道,使该类仪器同时具备了检测抗凝及纤维蛋白溶解系统活性的功能。仪器基本结构如下。

1. 样品、试剂预温槽　由电加热和温度控制器组成。其功能是使待检样品、试验试剂温度保持在37℃。

2. 加样器　由移液器和与其相连的导线组成。

3. 自动计时装置　有的仪器配有自动计时装置,以告知预温时间和最佳试剂添加时间;有的在测试位添加试剂感应器,感应器从移液器针头滴下试剂后,立即启动混匀装置振动,使血浆与试剂得以很好地混合;有的仪器在测试杯顶部安装了移液器导板,在添加试剂时由导板来固定移液器针头,从而保证了每次均可以在固定的最佳角度添加试剂并可以防止气泡产生。这些改进,提高了血凝仪检测的准确性。

4. 样品传送及处理装置　全自动仪器具有样品传送及处理装置。血浆样品由传送装置依次向吸样针位置移动,多数仪器还设置了急诊位置,可以使常规标本检测必要时暂停,以服从急诊样本优先测定。样本处理装置由样本预混盘及吸样针构成,前者可以放置几十份血浆样本,吸样针将血浆吸取后放于预混盘的测试杯中,供重复测试、自动再稀释和连锁测试用。

5. 试剂冷藏位　可以同时放置几十种试剂进行冷藏,避免试剂变质。

6. 样本及试剂分配系统　包括样本臂、试剂臂、自动混合器。

7. 检测系统　是仪器的关键部件。血浆凝固过程通过前述多种原理检测法进行检测。

8. 计算机控制系统　根据设定程序指挥血凝仪进行工作并将检测得到的数据进行分析处理,最终得到测试结果。可对患者的检验结果进行储存、质控统计,并可记忆操作过程中的各种失误等工作。

9. 输出设备　通过计算机屏幕或打印机输出测试结果。

10. 附件　主要有系统软件、穿盖系统、条码扫描仪、阳性样本分析扫描仪等。

四、血凝仪常用检测项目及应用

半自动血凝仪以凝固法测定为主,检测项目较少,而全自动血凝仪可使用多种方法进行凝血、抗凝、纤维蛋白溶解系统功能、用药的监测等多个项目的测定。

1. 凝血系统的检测　常规筛选试验：如凝血酶原时间（PT）、活化部分凝血活酶时间（APTT）、凝血酶时间（TT）测定；单个凝血因子含量或活性测定：FIB、凝血因子Ⅱ、凝血因子Ⅴ、凝血因子Ⅶ、凝血因子Ⅷ、凝血因子Ⅸ等。

2. 抗凝系统检测　如抗凝血酶Ⅲ（AT-Ⅲ）、蛋白C（PC）、蛋白S（PS）、内皮细胞蛋白C受体（EPCR）、血栓调节蛋白（TM）、狼疮抗凝物质（LAC）等测定。

3. 纤维蛋白溶解系统的检测　如纤溶酶原（PLG）、α_2-抗纤溶酶（α_2-AP）、纤维蛋白降解产物（FDP）、D-二聚体（D-Dimer）测定等。

4. 临床用药监测　当临床应用普通肝素（UFH）、低分子肝素（LMWH）及口服抗凝剂如华法林时，常用血凝仪进行监测以保证用药安全。

五、血凝仪性能指标与评价

选择高质量的血凝仪，对于保证止血与血栓检验的质量至关重要。因此，血凝仪的评价应包括两个方面：即一般性评价和技术性评价。

（一）一般性评价
对于需要购买血凝仪的单位，首先要了解如下几个方面的问题：购买仪器的目的，购置后解决哪些问题、估算标本量、仪器的价格、运行费用、性能参数、保修和维修情况、设备的安放条件能否满足需要、校准物和质控物以及试剂的来源和价格，人员培训的方式，经济和社会效益等，应结合本单位的财力和科室工作的需要提出初步计划。

（二）技术性能评价
国际血液学标准化委员会对血凝仪性能评价标准包括：①精密度；②正确度；③线性范围；④携带污染率；⑤干扰；⑥可比性分析。

六、血凝仪操作与维护

（一）操作指南
1. 半自动血凝仪操作（图4-8）
2. 全自动血凝仪
（1）开机：①检查蒸馏水量、废液量；②依次打开稳压电源、打印机电源、仪器电源、主机电源、终端计算机电源；③仪器自动检测通过后，进入升温状态；④达到温度后，仪器提示可以进行工作。

（2）测试前准备：①试剂准备：按照测试的检验项目做好试剂准备，严格按试剂说明书的要求进行溶解或稀释，溶解后室温放置10~15min，然后，将各种试剂放置于设置好的试剂盘相应位置；②选择测试项目：从仪器菜单选择要测试的检验项目；③检查标准曲线：观察定标曲线的线性、回归性等指标。

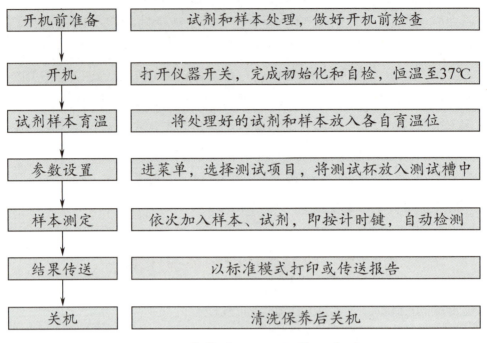

开机前准备	试剂和样本处理，做好开机前检查
开机	打开仪器开关，完成初始化和自检，恒温至37℃
试剂样本育温	将处理好的试剂和样本放入各自育温位
参数设置	进菜单，选择测试项目，将测试杯放入测试槽中
样本测定	依次加入样本、试剂，即按计时键，自动检测
结果传送	以标准模式打印或传送报告
关机	清洗保养后关机

图 4-8 半自动血凝仪操作示意图

（3）测试：①测试各项目质控品，按要求记录并进行结果分析；②患者标本准备，按要求编号、分离血浆、放于样本托架上；③患者信息录入，手工输入标本名称或患者名称，在 Test 栏中输入要检测的项目；④样本检测，再次确认试剂位置、试剂量及标本位置后，按"开始"键进行检测。

（4）结果输出：①设置好自动传输模式后，检测结果将自动传输到终端计算机上；②结果经审核确认后，打印报告单。

（5）关机：①收回试剂：试验完毕后，将试剂瓶盖盖好，将试剂盘与试剂一同放入冰箱（2～8℃）储存；②清洗保养：按清洗保养键，仪器自动灌注；等待 15min，按"ESC"键退出菜单；③关机：关闭主机电源、仪器电源、终端计算机电源、打印机电源等。

（二）仪器维护

血液凝固分析仪
的使用（视频）

1. 半自动血凝仪维护　做好日常维护是仪器正常运行的基本保证，包括：①电源电压为 220V，最好使用稳压器电源；更换熔断器内的保险管时，应先关闭本系统，拔下电源线，严格按熔断器座旁标志的规格型号进行更换；②避免阳光直晒并且远离强热物体，放置在平稳的工作台上，不得摇晃与振动，保持仪器温度恒定在（37.0±0.2）℃；③防止机器受潮和腐蚀；④保持样本槽、试剂槽、测试槽清洁，严禁有异物进入；⑤若为磁珠型血凝仪，仪器和加珠器都必须远离强电磁场干扰源，并使用一次性测试杯及钢珠，以保证测量精度。

2. 全自动血凝仪的维护　包括：①定期清洗或更换空气过滤器；②定期检查及清洁反应槽；③定期清洗洗针池及通针；④经常检查冷却剂液面水平；⑤定期清洁机械运动导杆和转动部分并加润滑油；⑥及时保养定量装置；⑦定期更换样品及试剂针；⑧定期数据备份及恢复等。

七、血凝仪临床进展

随着血栓与止血基础理论和临床应用的研究日益深入和现代生物工程技术的突飞猛进，新的检验方法与检测手段不断涌现。血凝仪的临床进展体现在以下几个方面：

（一）多方法、多功能、快速高效

目前的全自动血凝仪大多可同时使用多种方法和原理（如凝固法、免疫法和发色底物法）分析测定，已实现了自动加样加试剂、自动感知样品和试剂液面、自动搅拌、超限样品自动稀释、自动控温、自动扫描辨认、高中低值质量控制等功能，精密度高，速度快。

（二）智能化软件功能进一步完善

全自动血凝仪大多可对所测项目进行任意组合，随机检测、急诊插入、质量控制、ID条码阅读、双向通信、网络连接等功能。

（三）全自动血凝仪工作站

该工作站指将全自动血凝仪、离心机、样本传送带、样本自动装卸系统、电脑所组成的工作站，实现安全快速、高效准确的自动化检验。

（四）床旁分析血凝仪

床旁分析血凝仪的发展表现在小型微量、快速简便，使用小型简便的床旁血凝仪，采取微量血在床边快速完成一些简单项目（如 PT、APTT、FIB）测定，为临床治疗监测提供较可靠的过筛证据。

第三节　血液流变学分析仪

血液流变学分析仪（HA）是对全血、血浆或血细胞流变特性进行分析的检验仪器，主要包括血液黏度计、红细胞变形测定仪、红细胞电泳仪、黏弹仪等。近年来，这类仪器在心血管、脑血管、血栓、高黏滞血症等相关疾病中应用比较广泛，在亚健康人群、体检人群中应用更加广泛，为血液流变学研究开辟了广阔的发展空间。

一、血液流变学分析仪类型

（一）按工作原理分类

按工作原理分类可分为毛细管黏度计和旋转式黏度计。旋转式黏度计又分为同轴圆筒式、同轴锥板式等多种形式。

（二）按自动化程度分类

1. 半自动黏度计　主要是手工加样，检测和计算指标基本上是自动完成。
2. 全自动黏度计　加样、检测、计算全部为自动完成。

二、血液流变学分析仪检测原理与主要结构

（一）毛细管黏度计

按泊肃叶定律设计，反映平均切变率，即一定体积的牛顿液体，在恒定的压力驱动下，流过一定管径的毛细管所需的时间与黏度成正比（图4-9）。

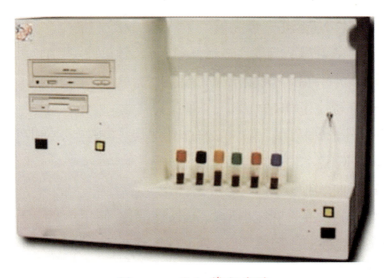

图 4-9　毛细管黏度计

毛细管黏度计主要由毛细管、储液池、控温装置、驱动装置、计时器等组成。

1. 毛细管　测定全血黏度的毛细管内径一般为0.38、0.5、0.8mm，长度为200mm左右，内径圆、直、长而且均匀，测定血浆黏度时无特殊要求。

2. 储液池（样品池）一般位于毛细管顶端，是储存样品和温浴的装置。

3. 控温装置　浸没毛细管和储液池的恒温装置，液体数量与温度高低呈负相关，波动范围小于0.5℃。

4. 驱动装置　对于水平型毛细管黏度计产生驱动力。

5. 计时器　用于流动液体的计时。

（二）旋转式黏度计

旋转式黏度计是以牛顿黏滞定律为理论依据。它主要有如下两种类型：一种是以外圆筒转动或以内圆筒转动的筒式旋转黏度计；另一种是以圆锥体转动或以圆形平板转动的锥板式黏度计。其中，以锥板式黏度计发展最好（图4-10）。

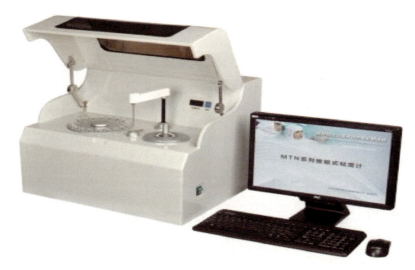

图 4-10　锥板式黏度计

两种仪器的原理大致相同，都是在同轴的构件之间（筒与筒之间或锥与板之间）设计有一定的间隙，用来填充待测液体。当同轴的构件之一以一定角度和一定驱动力旋转时，会给血样施以切变力，使之形成层流。由于层流之间的作用把转动形成的力矩传递给同轴静置的圆筒或锥体，后者便随之偏转一定角度。血液样本越黏稠，传入的力矩就越大，圆筒或锥体偏转的角度就越大。偏转角度与力矩之间，力矩与样品的黏度之间成正比。这种力矩被力矩传感装置所获取后将其转换为电信号，就实现了电信号大小与样本黏度成正比，从而计算出样品的黏度。

旋转式黏度计主要由样本转盘、加样系统、样本传感器、转速控制与调节系统、力矩测量系统、恒温系统等组成。

1. 加样系统　采用蠕动泵转动泵管产生吸引力并传递到吸样针吸取样品和加样。

2. 样本传感器　由同轴圆筒或锥与板组成，其中一个构件可以旋转，另一构件可以通过样品黏度来"感知"旋转所产生的切变力。

3. 转速控制与调节系统　依靠微型电机来实现。

4. 力矩测量系统　测量由锥板产生的力矩，将其转化为电信号。

5. 恒温系统　保持测定环境所要求的温度。

三、血液流变学分析仪工作过程

仪器的使用方法因各厂家生产仪器不尽相同，操作人员上岗必须经过严格培训，使用前必须仔细阅读仪器说明书，了解仪器的工作原理、操作规程、校正方法及保养要求。一般的仪器都会设置几个主要程序。开机后一般自动恒温，仪器自动自检，最后提示"准备检测"程序。

1. 检测前准备　一些厂家已经有自己的质控品，应每天坚持用仪器自带的质控品进行检测，质控结果在允许范围内方可进行当日标本检测，否则，寻找原因并排除后再测定标本。

2. 测试选项　最好先用手工将抗凝血标本颠倒混匀三遍以上，再按编号装入样本转盘待检。在测试界面点击"测试"，仪器自动弹出许多空闲孔位，点击空闲孔位图标，便进入测试选项界面，包括"全血测试""血浆测试""取消测试""批量测试"等选项。

3. 测试确定　先选择"全血测试"，在弹出"批量输入"的孔位及序号界面，根据标本数量输入相关信息后按"确定"。仪器便开始自动测定、自动清洗、自动检测下一个样品，直到设置样品全部检测完毕。

4. 建立基本信息　在测试过程中可以建立患者的检验报告单基本信息。

5. 转换标本类型　全血测试完成，将标本取出离心，然后再装入仪器对应位置，同上选择"血浆测试"，仪器便开始自动测定、自动清洗、自动检测下一个标本，直到设置标本全部检测完毕。

6. 报告单　在建立报告单位置录入患者的血沉参数和压积参数，仪器自动生成完整的报告单。

7. 关机　使用完毕做好仪器清洁保养后关机。

四、血液流变学分析仪日常维护

1. 结果不理想　血液流变学分析仪最常见故障是由维护不到位造成的，其中最为常见的是清洗不干净。由于血液流变学标本为抗凝血，抗凝剂附着在毛细管壁，影响检测标本流速进而影响结果。对于锥板式检测原理的仪器只要有极微小的血迹便会影响锥板的转速和力矩，从而影响血液流变学检查结果。解决方式是做好日保养、周保养、月保养，根据情况可作加强保养。

2. 漏水的原因及处理　血液流变学分析仪因为管道多、接头多，特别是泵管长时间磨损，容易漏水，主要表现为无法吸样。一经发现，应及时查找原因及时处理。

3. 堵塞的原因及处理　血液流变学分析仪吸样针细长、管道多、电磁阀多，容易堵塞，特别是纤维蛋白原呈半透明，肉眼难以发现，电磁阀损坏阀门打不开等都表现为无法吸样。发现后应根据堵塞部位及时疏通处理。

4. 电脑或软件故障　常常表现为死机或仪器自检有故障。

5. 结果不准确　可以随时校准仪器。

6. 仪器电路板损坏　常表现为仪器连接超时或者仪器失去控制。

五、血液流变学分析仪评价

（一）毛细管黏度计特点

1. 设备相对简单、操作简便、易于普及。

2. 测定牛顿液体黏度结果可靠，是血浆、血清样本理想的测定方法，但反映全血等非牛顿液体的黏度特性有限。

3. 对于低切变率有限，一般能检测到 $3s^{-1}$ 以上。

4. 对 RBC、WBC 的变形性和血液的黏弹性研究有限。

（二）旋转式黏度计特点

1. 能提供所需不同速度下的剪切率，能检测低切变率至 $1s^{-1}$。

2. 在了解全血、血浆的流变特性，红细胞（RBC）与白细胞（WBC）的聚集性、变形性等方面具有优势。

3. 操作和清洗都比较简单。

4. 最新双转盘设计的血液流变学分析仪，将两种检测原理技术融合在一台仪器上，其中一个转盘为锥板原理检测全血标本，另一个转盘检测血浆，这种机型结果好、速度快，是目前最先进、最理想的血液流变学分析仪。

（三）血液黏度计技术指标

不同厂家仪器其性能指标有一定差异，一般要求满足以下条件即可。

1. 准确性 牛顿液体黏度引入的误差应 $< \pm 2\%$。非牛顿液体黏度引入的误差如下：切变率为 $1s^{-1}$ 时，误差应为 $\pm 2MPa \cdot s$；切变率为 $200s^{-1}$ 时，误差应为 $\pm 0.2MPa \cdot s$。

2. 变异系数 牛顿液体黏度的变异系数（CV）应 $<2\%$。非牛顿液体黏度的 $CV<3\%$。

3. 一般标准 切变率检测范围为 $1 \sim 200s^{-1}$，样品量 $<800\mu l$，测定时间 $<60s$，温度控制在（37 ± 0.1）℃。

4. 测试参数 一般有全血黏度、血浆黏度、全血还原黏度、红细胞刚性指数、变形指数、聚集指数、血沉方程 K 值、血液屈服应力、卡松黏度等。

六、血液流变学分析仪应用进展

近年来，血液流变学分析仪有较大的进步和发展，体现在新技术不断涌现、仪器自动化程度提高、多功能、随机性等几个方面。

1. 检测原理方面，从单纯的毛细管法到毛细管法与锥板法同时设计在一台仪器上，利用毛细管原理检测血浆黏度，用锥板法原理检测全血黏度，将两者的优势集中在一台仪器上，检测结果准确度和检测速度大大提高，代表了血液流变学分析仪发展的方向。

2. 软件不断改良，使仪器自动化程度和结果准确性不断提高。

第四节 自动血沉分析仪

自动血沉分析仪其原理和方法建立在魏氏法血沉的基础上,利用光学阻挡法原理或激光扫描微量全血原理进行检测的一种快速测定仪器,它改变了魏氏法血沉时间长、温度不恒定、垂直竖立血沉管难以做到标准化等缺点。

一、自动血沉分析仪类型、原理及结构

自动血沉分析仪按原理分为两类:光学阻挡法原理和激光扫描微量全血原理,光学阻挡法又分为定时扫描或光电跟踪扫描两种。

(一)光学阻挡法

1. 定时扫描式 其原理是将专用血沉管垂直固定在自动血沉仪的孔板上,光源元件沿机械导轨滑动,对血沉管进行扫描。如果红外线不能照射到接收器,说明红外线被红细胞阻挡,此时则先记录血沉管中的血液在时间零计时的高度。随后,每隔一定时间扫描一次,记录扫描红细胞和血浆接触的位置,当红外线能穿过血沉管到达接收器时,接收器将信号输出给计算机,计算到达移动终端时所需的距离。并由计算机将此数据转换成魏氏法观测值而得出血沉结果(图4-11)。

图 4-11 自动血沉仪

2. 光电跟踪式 其原理是固定光电二极管,血沉管随转盘转动。垂直置管方式与魏氏法相同。18° 倾斜置管方式是将血沉管内血液充分混匀,并将试管相对于 Y 轴倾斜18°,促使红细胞沉降加速,静置一段时间,光电传感器自动读出红细胞沉降值,记录结果后转换成魏氏法测定值。

（二）激光扫描微量全血法

采用激光动态记录血沉管内红细胞沉降过程的变化,也就是红细胞缗钱状结构的形成过程,通过光路检测器记录血液标本中光线透过信号（OD）值,经过数据处理系统换算,给出与魏氏法相关的血沉结果。

（三）自动血沉分析仪的结构

1. 光学阻挡法自动血沉分析仪基本结构

（1）机械系统:机械系统是沿测定管上下移动的装置,主要完成对样品的跟踪扫描。

（2）光学系统:光学系统由发光二极管（LED）和光电转换器组成,使LED发出的光透过标本被光电管接收并转换。

（3）电路系统:主要由模数转换器、微处理器组成,仪器将得到的模拟信号转换成数字信号,传给微处理器进行处理,最后显示并打印结果。

2. 激光扫描微量全血法自动血沉分析仪基本结构

（1）样本混匀器:仪器分为手动混匀、手动揭盖吸样和自动混匀自动穿盖吸样两种机型。自动混匀是将样品试管装入专用试管架上,仪器自动旋转试管架（60r/min）混匀。

（2）样本进样器:自动穿刺针穿盖吸取样品。

（3）激光扫描光度计:检测毛细管中血细胞状态变化所引起的光密度变化。

（4）数据处理换算系统:采用计算机对光密度变化进行分析,得出与魏氏法相关的血沉结果。

二、自动血沉分析仪操作

（一）光学阻挡法自动血沉分析仪

仪器使用方法因各厂家生产仪器不尽相同,操作人员上岗前必须经过培训,使用前仔细阅读仪器说明书,了解仪器的工作原理、操作规程、校正方法及保养要求。一般仪器操作都会经历几个主要程序。开机后自动自检,自动恒温,最后提示"准备检测"程序,常用操作程序如下:

1. 开机　打开仪器电源开关,仪器自动初始化进行自检,然后进入测试菜单,仪器即可正常测量样本。

2. 加样　将采血后的真空血沉管标本颠倒混匀后直接插入任意一个孔位,仪器自动记录检测时间及打印结果。当检测完毕血沉管从孔位中移走,该孔位自动恢复到待测状态,可进行下一个样本的检测。

3. 检测红细胞压积（血细胞比容）　将检测完毕的血沉样本管取出离心后仍然放回原测量位置仪器将自动读取压积结果。

4. 待机　仪器可以较长时间待机,样本随到随测。

5. 关机　样本检测完毕,仪器在主菜单界面随时可关机。

（二）激光扫描微量全血法自动血沉分析仪

激光扫描微量全血法自动血沉分析仪操作简单,依照说明书操作流程操作,此法便于管理,目前临床广泛使用。常用操作程序如下:

1. 开机自检　打开仪器电源开关,仪器自检。

2. 放入样本　样本连续放置在样品架子上,放置时将条码对准架子上有空隙的地方,以便扫描。

3. 运行程序　点击开始后,分析样本。

4. 清洗过程　每批或每天做完实验后必须执行清洗操作,保障检测通道不被污染。

5. 关机　样本检测完毕,通过仪器电源关机。

三、自动血沉分析仪维护

（一）光学阻挡法自动血沉分析仪

1. 经常保持仪器清洁,特别是检测孔位的清洁最为重要的,灰尘太多影响光源的强度,对结果有一定影响。

2. 经常用中性清洁剂清洁仪器外表面。

（二）激光扫描微量全血法自动血沉分析仪

1. 每批维护　每批检测后执行清洗。

2. 每日维护　清洁仪器表面。

3. 开机后、关机前执行清洗。

4. 定期维护　包括①每周清洁:样本架用浓度小于0.1%NaCl溶液擦拭,再用蒸馏水清洁并擦干;②每周清洁样本管感应器:用无水乙醇棉签擦拭后再用干棉签擦干;③每周清洁条形码阅读器:用无水乙醇棉签擦拭后再用干棉签擦干;④每周清洁样本架上的光学传感器:用无水乙醇棉签擦拭后再用干棉签擦干;⑤每月清洁管道:执行三次清洗程序,第一次用两管蒸馏水,第二次用一管蒸馏水和一管浓度小于0.5%NaCl溶液,第三次用两管蒸馏水执行清洗操作;⑥每6个月更换蠕动泵管(此项工作由工程师进行)。

四、自动血沉分析仪质量控制

目前,血沉仪器的质控品还没有普及,室内质控有一定难度。要求平时与参考方法作对比并参加相关部门组织的室间质量评价活动来控制好质量。激光扫描微量全血法自动血沉分析仪的质控可以用以下简易方法。

1. 全血质控操作步骤　取不稀释的EDTA抗凝血四份,正常值和异常值样本各两份,检测记录其当天检测结果后,保存于4℃环境中,在24h内进行第二次检测。比较两次检测结果,其结果 CV 小于10%表示在控。

2. 注意事项　24h内进行第二次检测时需将样本取出静置,温度达到室温后充分混匀才能够进行检测。

五、自动血沉分析仪常见故障及处理

（一）光学阻挡法自动血沉分析仪常见故障及处理

1. 在使用过程中,要避免强光照射,否则会引起检测器疲劳,计算机采不到数据不报结果。

2. 检测结束,测试管应取出,让仪器回归待机状态。仪器长时间运行有时会因检测器疲劳导致计算机死机,此时应该重新启动计算机。

3. 仪器正在扫描时读数键暂时失效属于正常情况,此时,应该等待仪器扫描结束后再读数。

（二）激光扫描微量全血法自动血沉分析仪常见故障及处理

1. 转子传感器错误　转子没有正确旋转或电机故障,显示信息"Error E-TEST1 OFF",分析周期失败。此时,尝试关闭仪器电源10s后再次打开电源。有时这种错误是前门没有完全关好或前门传感器没有金属反射信号,请关好前门或检查前门传感器。

2. 仪器打印"NF"字样无血沉结果　表明血液样本流动不正常,是气泡进入管道或样本针堵塞所致。若一开始频繁显示此信息,则在分析测试前执行冲洗程序。

3. 仪器显示"Increase Avail.Insert CARD"　提示用户增加有效测试数量（另外购买测试只读卡可增加有效测试数量）。

4. 打印信息显示"Waste level detected EMPTY the tank"　废液计数器报警达到废液瓶报警值（默认2 000）。仪器自动进入废液瓶更换清空程序,更换空的废液瓶,清空废液瓶后按"1-empty"键,废液计数器归零。

5. 打印信息显示"Maintenance Request"　维护保养计数器报警达到维护保养报警值（默认30 000）,必须维护保养,联系生产厂家维修人员,进行维护保养工作。

六、自动血沉分析仪性能指标及评价

1. 性能指标　主要包括①检测时间:任选;②检测通道:1~64个;③检测能力:每小时可检测20~120个标本;④标本采集:真空管或普通管;⑤环境条件:温度为15~30℃。

2. 性能特点　主要包括①精确可靠;②检测时间可选;③干净安全;④快速高效;⑤可随时随机测定标本;⑥多参数检测;⑦打印结果灵活。

3. 性能评价　主要有准确度 ±0.2mm;检测重复性CV3%~5%;温度准确度 ±0.5℃等。不同厂家、不同型号、不同检测原理的产品性能评价不一致。

七、自动血沉分析仪进展

近年来,全自动血沉分析仪有着较大的进步和发展,体现在新技术不断涌现、仪器自动化程度提高、多功能、随机性及检验结果的准确性等几个方面。

光学阻挡法已经是普及型的新型血沉分析仪,是当前的主流机型;而激光扫描微量全血法自动血沉分析仪的检测原理更先进,用血量极微,速度极快,是目前的发展方向。

本章小结

　　本章学习重点是血液细胞分析仪、血液凝固分析仪、血液流变学分析仪、自动血沉分析仪的定义及类型;检测原理;仪器使用及日常维护;血凝仪的常用检测项目。学习难点是血液分析相关仪器的主要组成部分;血液细胞分析仪的常见故障的排除;血液流变学分析仪的日常维护和保养;血凝仪的维护;自动血沉分析仪的常见故障及处理。在学习过程中注意比较不同类型血液细胞分析仪、血液凝固分析仪、血液流变学分析仪、自动血沉分析仪的区别;注意理论联系实践,在操作练习过程中理解临床常用血液分析相关仪器的原理和类型,会使用血液分析相关仪器并能够进行日常维护,提高运用理论知识解决实际工作问题的能力。

（宋晓光）

 思考与练习

一、名词解释

1. BCA
2. VCS 技术
3. 库尔特原理
4. ACA
5. 三分群
6. 血凝仪凝固法原理
7. 血凝仪光学法（比浊法）原理
8. 血沉自动分析仪的检测系统

二、简答题

1. 简述电阻抗型 BCA 和联合检测型 BCA 的基本结构。
2. 联合检测型 BCA 在白细胞分类上主要有哪些技术?
3. 血凝仪常用检测原理有哪些?

ER4-4

思维导图

4. 血凝仪光学法与双磁路磁珠法主要区别及优缺点是什么?

5. 简述毛细管黏度计的工作原理与基本结构。

6. 简述旋转式黏度计的工作原理与基本结构。

7. 简述血沉自动分析仪的原理。

8. 如何进行自动血沉分析仪的维护和保养?

第五章 | 尿液检验相关仪器

05章 数字资源

知识目标：

1. 掌握尿液干化学分析仪检测原理与基本结构。
2. 熟悉尿液干化学分析仪的使用、维护与保养。
3. 了解流式细胞术尿液有形成分分析仪的使用、维护与保养。

能力目标：

学会尿液干化学分析仪、流式细胞术尿液有形成分分析仪的使用及日常维护和保养。

素质目标：

1. 利用所学知识解决临床常见问题。
2. 具备创新学习能力，建立团队协作意识。

尿液分析是临床诊断泌尿系统疾病和其他疾病的重要措施之一，通过对尿液进行物理学、化学和显微镜检查，可观察尿液物理性状和化学成分的变化。这些检查对泌尿、血液、肝胆、内分泌等系统疾病的诊断、鉴别诊断以及预后判断都有重要意义。本章就尿液干化学分析仪和尿液有形成分分析仪做简要介绍。

第一节 尿液干化学分析仪

尿液干化学分析仪是利用干化学的方法测定尿中某些化学成分的仪器。因其具有结构简单、操作方便、快速迅捷、便于携带等优点，而广泛应用于临床。按自动化程度分为半自动尿液干化学分析仪和全自动尿液干化学分析仪。

一、尿液干化学分析仪工作原理

（一）尿液干化学分析仪试带

尿液干化学分析仪的试带是按固定位置黏附了化学成分的检验试剂块的塑料条，又称试纸条。

1. 尿试带组成及作用　普通试带由塑料条、试剂块、空白块组成。①塑料条为支持体；②试剂块含有检验试剂，完成相关项目检测；③空白块是为了消除尿液本身的颜色所产生的测试误差。有的多一个参考块，参考块是为了消除每次测定时试剂块的位置不同产生的测试误差。

2. 尿试带结构　尿试带采用了多层膜结构，一般分为4层或5层。第一层尼龙膜起保护和过滤作用，防止大分子物质对反应的干扰，保证试带的完整性；第二层绒质层，包括过碘酸盐层和试剂层，过碘酸盐作为氧化剂可破坏还原性物质如维生素 C 等干扰；试剂层含有特定的试剂成分，主要与尿液所测定物质发生化学反应，产生颜色变化；第三层是吸水层，可使尿液均匀快速地浸入试剂块，并能抑制尿液流到相邻反应区，避免交叉污染；最底一层选取尿液不浸润的塑料片作为支持体。其结构见图5-1。

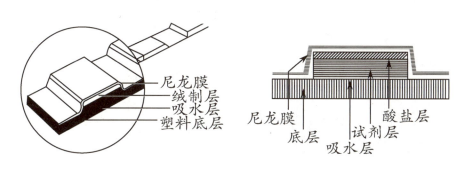

图 5-1　多联尿试带结构示意图

（二）尿液干化学分析仪检测原理

试带浸入尿液后，除空白块、位置参考块外，试剂块都因和尿液成分发生了化学反应而产生颜色变化。呈色强弱与光的反射率成比例关系，反射率与试剂块颜色深浅、光吸收和反射程度有关，颜色越深，吸收光量值越大，反射光量值越小，则反射率越小；反之，颜色越浅，吸收光量值越小，反射光量值越大，则反射率越大。而试剂块颜色的深浅又与尿液中各种成分的浓度成比例关系，因此，只要测得光的反射率即可求得尿液中的各种成分的浓度。

尿液干化学分析仪由微电脑控制，采用以球面积分析仪接受双波长反射光的方法检测试剂块的颜色变化进行半定量测定。仪器使用双波长测定法分析试剂块的颜色变化，抵消了尿液本身颜色引起的误差,提高了测量精度。双波长中的一种波长是测定波长,它是被测试剂块的敏感特征波长,每种试剂块都有相应的测定波长,亚硝酸盐、胆红素、尿胆原、酮体一般选用550nm,酸碱度、葡萄糖、蛋白质、维生素C、隐血一般选用620nm;另一种是参考波长,它是被测试剂块的不敏感波长,用于消除背景光和其他杂散光的影响,各试剂块的参考波长一般选用720nm。

二、尿液干化学分析仪基本结构

尿液干化学分析仪一般由机械系统、光学系统、电路控制系统三部分组成,其结构如图5-2所示。

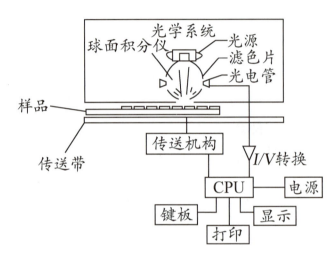

图5-2 尿液干化学分析仪结构示意图

(一)机械系统

机械系统主要功能是将待检试带传送到测试区,仪器测试后将试带排送到废物盒。

半自动尿液干化学分析仪一般是试带传送带式,将试带放入试带架内,传送装置将试带传送到光学系统进行检测,检测完成后送到废物盒。全自动尿液干化学分析仪结构比较复杂,一般包括传送装置、采样装置、加样装置、测量测试装置。此类分析仪尿液用量较少,还具有自动清洗系统随时保持检测区清洁。由于自动加样,减少了工作人员与尿液的接触,降低了操作人员受到标本污染的危险性。

(二)光学系统

光学系统包括光源、单色处理、光电转换三部分。光线照射到反应区表面产生反射光,反射光强度与各个项目的反应颜色成正比。不同强度反射光再经光电转换器件转换为电信号进行处理。

尿液分析仪光学系统通常有3种:滤光片分光系统、发光二极管(LED)系统和电荷耦合器件（CCD）系统。

滤光片分光系统已经较少应用；发光二极管（LED）系统采用了可发射特定波长的发光二极管（LED）作为检测光源，各检测头上都有三个不同波长的光电二极管，对应于试带上特定的检测项目分别为红、橙、绿单色（660、620、555nm），它们相对于检测面以60°照射在反应区上。作为光电转换器件的光电二极管垂直安装在反应区的上方，在检测光照射的同时接收反射光。由于距反应区近，不需要光路进行传导，所以无信号衰减，这使得光强度较小的光电二极管照射也能得到较强的光信号。

电荷耦合器件（CCD）系统是目前比较尖端的光学元件CCD技术进行光电转换。它是把反射光分解为红绿蓝（RGB：610、540、460nm）三原色，又将三原色中的每一种，颜色分为2 592色素，这样整个反射光分为7 776色素，可分辨颜色由浅到深的各种微小变化。CCD器件具有良好的光电转换特性，从可见光到近红外光。通常采用高压氙灯作光源，特点是发光光谱接近日光；放电通路窄，可形成线状光源或点光源；发光效率高。

（三）电路控制系统

光电检测器将试剂块反射的光信号强弱转换为电信号大小，送往前置放大器进行放大，放大后的电信号被送往电压／频率变换器，把送来的模拟电信号转换成数字信号，最后送往计数电路予以计数，计数后的数字信号经数据总线传送给CPU单元。CPU经信号运算、综合处理后将结果输出、打印。

三、尿液干化学分析仪使用、维护与保养

（一）尿液干化学分析仪使用

不同型号仪器操作方法略有差别，参照仪器说明书操作。全自动尿液干化学分析操作流程如图5-3所示。

（二）尿液干化学分析仪维护保养

尿液干化学分析仪是一种机电一体化的精密仪器，必须精心维护，细心保养，严格按操作规程操作，才能延长仪器使用寿命，保证检测结果准确可靠。

尿液干化学分析
仪操作（视频）

1. 建立仪器使用工作日志　对仪器运行状态、异常情况、解决办法、维修情况等逐项登记。

2. 日保养　用柔软干布或蘸有温和洗涤剂的软布擦拭仪器，保持仪器清洁，注意保护显示屏，及时安装打印纸；每日检测完毕，将试带传送器卸下清洗，软布擦干后安装复位；关闭电源。

图 5-3　全自动尿液干化学分析仪操作流程图

3. 周保养或月保养　定期对仪器内部灰尘和尿液结晶进行清洁,灰尘可用吸耳球吹除,其他污物用湿布擦拭,电路板可用无水乙醇擦拭,待干燥后才能开机;光学扫描系统定期清理,用湿布擦拭;按仪器说明书执行规定的周或月保养程序。

四、尿液干化学分析仪常见故障与处理

仪器故障分为必然性故障和偶然性故障。必然性故障是各种元器件、零部件经长期使用后,性能和结构发生老化,导致仪器无法进行正常的工作;偶然性故障是指各种元器件、结构等因受外界条件的影响,出现突发性质变,而使仪器不能进行正常的工作。尿液干化学分析仪常见故障、原因及处理方法见表 5-1。

表 5-1　尿液干化学分析仪常见故障及处理方法

故障现象	故障原因	处理方法
打开仪器后不启动	电源线连接松动	插紧电源线
	保险丝断裂	更换保险丝
光强度异常	灯泡安装不当	重新安装灯泡
	灯泡老化	更换合格灯泡
	电压异常	检查电源电压

故障现象	故障原因	处理方法
传送带走动异常	传送带老化 马达老化 试带位置不对	更换传送带 更换马达 正确放置试带
检测结果不准确	使用变质试带 使用不同型号试带 定标用试带污染	更换试带 确认试带型号符合要求 更换定标试带重新定标
校正失败	校正带被污染 校正带弯曲或倒置 校正带位置不当 光源异常	更换校正带后重新操作 确认校正带是否正常 确认校正带位置是否正确 请维修人员维修
打印机错误	打印设置错误 打印纸位置不对 打印机性能欠佳	重新设置打印机 确认打印纸位置正确 专业人员维修打印机

第二节　尿液有形成分分析仪

尿沉渣分析仪大致有两类,一类是通过尿沉渣直接镜检再进行影像分析,得出相应的技术资料与实验结果;另一类是流式细胞术尿沉渣分析。本节主要介绍流式细胞术分析仪的工作原理、基本结构、使用维护等内容。

一、流式细胞术尿液有形成分分析仪

(一)工作原理

流式细胞术尿沉渣分析仪采用流式细胞术和电阻抗原理进行尿液有形成分分析。尿液标本被稀释和染色后,在液压系统的作用下被无粒子鞘液包围,尿液中的细胞、管型等有形成分以单个排列形式形成粒子流通过流动池检测窗口,分别接受激光照射和电阻抗检测,得到前向散射光强度、荧光强度和电阻抗信号强度等数据;仪器将前向散射光强度、荧光强度信号转变为电信号,结合电阻抗信号进行综合分析,得到每个尿液标本的直方图和散射图;通过分析这些图形,即可得到各种有形成分形态、数量等信息。其工作原理见图5-4。

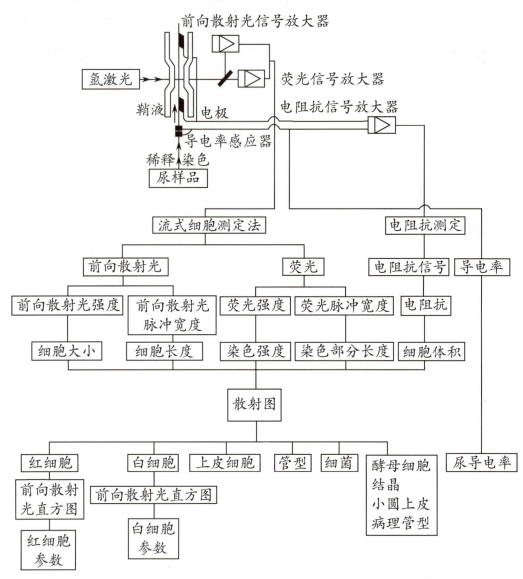

图 5-4　流式细胞术尿液有形成分分析仪工作原理示意图

（二）仪器结构

流式细胞术全自动尿液有形成分分析仪一般包括流动液压系统、光学系统、电阻抗检测系统和电子分析系统。其结构见图 5-5。

1. 流动液压系统　其作用是形成鞘液流动,鞘液使尿液样品中的细胞等有形成分排成单个纵列后通过检测流动池,提高细胞计数的准确性和重复性。

2. 光学检测系统　由氩激光（波长 488nm）光源、激光反射系统、流动池、前向光采集器、前向光检测器构成。染色后的细胞受激光照射激发后所产生的荧光通过光电倍增管放大转换为电信号而进行检测。前向散射光强度反映细胞的大小,荧光信号主要反映细胞膜、核膜、线粒体和核酸的染色特性。

3. 电阻抗检测系统　包括测定细胞体积的电阻抗系统和测定尿液电导率的传导系统。电阻抗系统产生的电压脉冲信号的强弱反映细胞体积大小;脉冲信号的频率反映细胞数量的多少。传导系统的功能是测定尿液电导率。

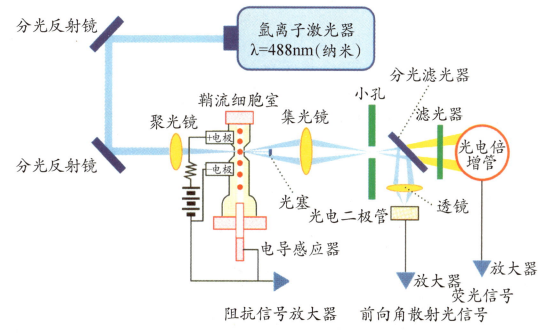

图 5-5　流式细胞术尿液有形成分分析仪结构示意图

4. 电子分析系统　从尿液有形成分得到的前向散射光信号很强,得到的荧光信号很弱。电信号经放大和波形处理后,送往计算机分析器综合处理,得到细胞的直方图和散射图,并计算出每单位体积(微升)尿中各种细胞的数量和形态。

（三）仪器使用、保养与维护

1. 调校　仪器首次启用、大修或主要部件更换后、质控检测发现系统误差时须经专门培训人员进行仪器校准。

2. 使用　该仪器组成结构较尿液干化学分析仪复杂,严格按说明书操作,其操作流程见图 5-6。

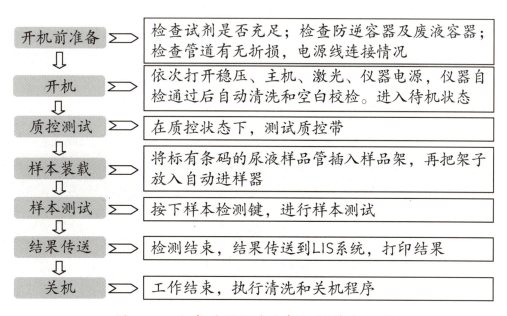

图 5-6　全自动尿沉渣分析仪操作流程图

开机自检和质控检测通过后方可样品测试,遇下列情况时禁止上机检测。①尿液标本血细胞数 >2 000/μl 时,会影响下一个标本的测定结果;②尿液标本使用了有颜色的防腐剂或荧光素,可降低分析结果的可靠性;③尿液标本中有较大颗粒的污染物,可引起仪器阻塞。

3. 仪器维护保养　全自动尿液沉渣分析仪是一种精密的电子仪器,必须精心使用,细心保养,严格按操作规程操作,才能延长仪器使用寿命,保证检测结果准确可靠。

（1）仪器应有专人负责,建立仪器使用工作日志:对仪器运行状态、异常情况、解决办法、维修情况等逐项登记。开机前对仪器状态、各种试剂和装置、废液瓶、打印纸等进行检查,确认无误后方可开机。

（2）日保养:每日检测完毕,清空废液瓶,冲洗仪器管路,按提示执行关机程序;关闭仪器电源;用柔软的布或纸擦拭仪器。连续使用时,每 24h 执行 1 次清洗程序。

（3）月保养:仪器使用 1 个月或连续 9 000 次测试循环后,需要请专业人员对仪器标本转动阀、漂洗池进行清洗、保养。

二、自动尿沉渣工作站

自动尿沉渣工作站是尿干化学分析和尿沉渣自动分析联合进行尿液分析的工作平台。工作站一般由尿液干化学分析仪、高清晰度摄像显微镜、计算机处理系统、打印输出系统等组成,能自动完成尿液化学成分、理学性状、有形成分分析,为实现尿液检验标准化、规范化、网络化提供了很好的平台。

（一）工作原理
工作站先对尿液进行干化学检验,分析结果传送到计算机;再对离心后的尿沉渣用显微镜进行检查,将形态图像传送到计算机中,出现在显示屏上,供技术人员识别,仪器将各种有形成分自动换算成标准单位下的结果,结合干化学分析结果,输出完整的分析报告。

（二）仪器结构
1. 标本处理系统　该系统内置定量染色装置,在计算机指令下自动提取样本,完成定量、染色、混匀、稀释、充池、清洗等主要工作步骤。

2. 双通道光学计数池　由高性能光学玻璃经特殊工艺制造,池底部刻有 4 个标准计数格,便于有形成分计数。

3. 显微摄像系统　在光学显微镜上配备摄像装置,将采集的沉渣形态图像光学信号,转换为电子信号输入计算机进行图像处理。

4. 计算机及打印输出系统　软件对主机及摄像系统进行控制,并编辑输出检测样本报告的多项信息。

5. 尿液干化学分析仪　尿沉渣工作站电脑主机上有与尿液干化学分析仪连接的接口,可接收处理相关信息。

三、自动尿沉渣工作站临床应用

随着医学技术、计算机技术和自动化技术的高速发展,尿沉渣检查已经由传统显微镜检查向自动尿沉渣分析发展,综合能力更强的尿沉渣分析工作站也已经投入临床应用,为疾病诊断、治疗及预后判断提供了大量有价值的信息。

随着计算机信息管理技术在临床实验室信息管理系统中的应用,实验室将尿液有形成分检查结果、尿液干化学分析仪分析结果、典型的图形以及患者临床资料综合起来,所有数据完全实现了数据库化,方便数据查询,同时与医院信息管理系统连接,资源共享,更有利于临床疾病诊断和治疗。

本章小结

　　本章学习重点是掌握尿液干化学分析仪的检测原理与基本结构,尿液干化学分析仪的检测原理是根据试带上各试剂块与尿液产生化学反应发生颜色变化,呈色强弱与光反射率成比例关系,测定每种尿试带块反射光的光量值与空白块的反射光量值进行比较,通过计算机求出反射率,换算成浓度值。尿液干化学分析仪的结构由机械系统、光学系统、电路系统三部分组成。学习难点是尿液干化学分析仪的检测原理和流式细胞术尿沉渣分析仪的检测原理。流式细胞术尿沉渣分析仪的检测原理是将尿液标本稀释和染色后,尿液中的细胞、管型等有形成分在液压系统的作用下以单个排列的形式形成粒子流通过流动池的检测窗口,分别接受激光照射和电阻抗检测,得到前向散射光强度、荧光强度信号,然后转变为电信号,结合电阻抗信号进行综合分析,即可得到各种有形成分的形态、数量等信息。在学习过程中注意比较各类尿液分析仪的特点及区别,注重从各类尿液分析仪的原理理解其结构和功能;从而学会各类尿液分析仪的使用方法及其正确的保养和维护。

（朱海东）

思考与练习

一、名词解释

1. 尿干化学分析试带

2. 尿液分析仪光学系统

3. 流式细胞术尿沉渣分析仪

ER5-2

思维导图

二、简答题

1. 尿试带的结构层次是什么?

2. 尿液干化学分析仪检测原理是什么?

3. 如何进行尿液分析仪维护和保养?

4. 流式细胞术尿沉渣分析仪的工作原理是什么?

第六章 │ 生物化学检验相关仪器

06章 数字资源

学习目标

知识目标：

1. 掌握生物化学检验相关分析仪器的检测原理与基本结构。
2. 熟悉生物化学检验相关分析仪器的使用、维护与保养。

能力目标：

1. 学会生物化学检验相关分析仪器的使用。
2. 知晓生物化学检验相关分析仪器的日常维护和保养。

素质目标：

1. 具有利用所学知识解决临床常见问题的能力。
2. 具备创新学习能力和全心全意为人民服务的思想。

临床生物化学检验是以研究人在健康和疾病时体内生物化学过程为目的，通过检测人的血液、体液等标本中化学物质，为临床医生提供疾病诊断、病情监测、疗效观察、预后判断以及健康评价等信息。临床生物化学检验相关的仪器有很多，常用的有自动生化分析仪、电泳仪、血气分析仪、电解质分析仪等。本章将对以上四种仪器的工作原理、分类、结构、性能评价、参数设置、基本操作、维护保养及故障排除等内容加以介绍。

第一节　自动生化分析仪

自动生化分析技术是将生物化学分析过程中的取样、加试剂、去干扰、混合、保温反应、自动检测、结果计算、数据处理、打印报告以及实验后的清洗等步骤自动化的技术。应用此类技术的仪器称为自动生化分析仪。

这类仪器具有灵敏、准确、快速、简便、微量及标准化等优点，不仅工作效率高，而且减少了主观误差，提高了检验质量。

一、自动生化分析仪分类与工作原理

自动生化分析仪根据自动化程度不同,可分为全自动化和半自动化;根据同时可测定项目数量不同,可分为单通道(每次只能检测一个项目)和多通道(可同时检测多个项目);根据仪器的功能及复杂程度,可分为小型、中型、大型及超大型;根据仪器结构和原理不同,可分为连续流动式生化分析仪、离心式生化分析仪、分立式生化分析仪和干化学式生化分析仪四类。目前实验室应用最普遍的是分立式生化分析仪。

(一)连续流动式自动生化分析仪

连续流动式自动分析仪又称管道式自动分析仪,待测样品与试剂混合后的化学反应均在同一管道中经流动过程完成,一般可分为试剂分段系统式和空气分段系统式两种,以空气分段系统式较为常见。试剂分段系统是由试剂空白或缓冲液间隔开每个样品、试剂以及混合后的反应液,而空气分段系统是靠一小段空气来间隔每个样品的反应液。其特点是结构简单、价格便宜,由于使用同一流动比色杯,消除了比色杯间吸光性差异,但是由于管道系统结构复杂、存在交叉污染、故障率高、操作繁琐等缺点,逐步被分立式生化分析仪所替代。

(二)离心式自动生化分析仪

离心式自动生化分析仪工作原理,是将样品和试剂放入转头内,装在离心机转子位置。离心时转头内样品和试剂受离心力作用相互混合发生反应,经温育后,反应液最后流入圆形反应器外圈的比色凹槽内,经比色得到结果,根据所得吸光度计算出结果。因为在分析过程中,样品与试剂的混合、反应和检测等步骤同时完成,故属于同步分析。

(三)分立式自动生化分析仪

分立式自动生化分析仪的工作原理,是按手工操作方式编排程序,以有序的机械操作代替手工操作,完成项目检测。加样探针将样品加入各自反应杯中,试剂探针按一定时间要求自动定量加入试剂,经搅拌器充分混匀后,在一定条件下反应并比色。该类仪器是目前国内外应用最多的一类自动生化分析仪,具有各个样品在分析过程中彼此分开独立,互不掺杂、交叉污染相对较低、灵活准确、分析项目多等特点。

(四)干化学式自动生化分析仪

干化学式自动生化分析仪的工作原理,是应用干化学技术将测定项目所需试剂固定在特定载体上,再将待测液体样品直接加到干片上,并以样品中的水将干式试剂溶解,使试剂与样品中的待测成分发生化学反应,从而进行分析测定。

干化学式自动生化分析仪具有体积小、操作简便、标本用量少、快速准确、灵敏度和准确性高等特点,目前在各级医院已广泛应用,尤其适合于急诊检验。

二、自动生化分析仪基本结构

以目前国内外应用最广泛的分立式自动生化分析仪为例,对自动生化分析仪的基本结构进行介绍。自动生化分析仪基本结构由样品处理系统、检测系统、计算机系统等三部分组成(图6-1)。

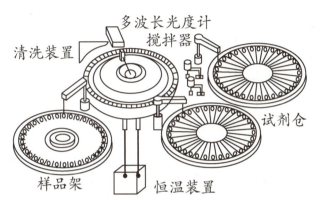

图 6-1　全自动生化分析仪基本结构示意图

(一)样品处理系统

1. 样品装载和输送装置　样品装载的常见类型有样品盘和样品架。样品盘和样品架可单独安置或与试剂转盘或反应转盘相套合,放置一定数量的样品(患者标本、质控品、校准品等),固定排列在循环传动链条上;输送装置是通过步进马达驱动传送带,将样品盘或样品架依次前移至固定位置。

2. 样品和试剂取样单元　由机械臂、样品针或试剂针、吸量器、步进马达等组成。机械臂根据计算机指令携带样品针或试剂针移动至指定位置,由吸量器准确吸量,转移至反应杯中。目前定量吸取技术采用脉冲数字步进电机定位,准确且故障率低。样品针或试剂针通常具有液面感应器和自动凝块检测功能,可防止空吸或吸入下层血凝块,并具有自我保护功能,遇到障碍能自动停止并报警,以免探针损坏。

3. 试剂仓　用来放置实验试剂,一般都有冷藏装置,温度为 4~15℃,以提高在线试剂稳定性。大多数全自动生化分析仪都有两个试剂仓,可将测定同一检测项目的Ⅰ、Ⅱ试剂分开存放。可由仪器的条形码扫描系统识别试剂种类、批号、存量、有效期和校准曲线等,从而进行核对校验。有试剂瓶盖自动开关系统。

4. 搅拌系统　由电机和搅拌棒组成,使反应液和样品充分混匀。大多采用新型螺旋型高速旋转搅拌棒,旋转方向与螺旋方向相反,既增加搅拌力度,又不起泡,减少微泡对光的散射。搅拌棒表面涂有特殊的防黏附清洗剂或不粘性惰性材料,能降低液体黏附,减少交叉污染。

(二)检测系统

1. 光源　一般采用卤素灯或氙灯,卤素灯的工作波长为 325~800nm,使用寿命一般只有 1 000h 左右。现多采用长寿命氙灯,24h 待机可工作数年,工作波长为 285~750nm。

2. 分光装置　自动生化分析仪多用光栅分光。光栅分光有前分光和后分光两种,目前多采用后分光(图 6-2),即光源光线先照到样品杯,然后再用光栅分光,同时用一列发光二极管排在光栅后作为检测器。后发光的优点:不需移动仪器比色系统中的任何部分,可同时选用双波长或多波长进行测定,这样可以降低比色的噪声,提高分析的精确度和准确度,减少故障率。

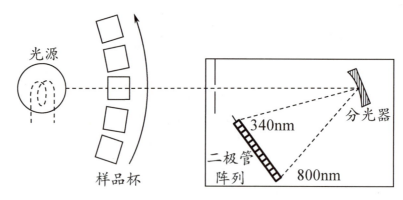

图 6-2　后分光生化分析仪检测光原理

3. 比色杯　自动生化分析仪的比色杯即反应杯。比色杯大多为石英和优质塑料。全自动生化分析仪有比色杯自动冲洗和吸干功能,并自动作空白检查,检测合格的比色杯可循环使用,应及时更换不合格比色杯。

4. 恒温装置　自动生化分析仪通过温度控制系统保证反应在恒温环境下进行。保持恒温方式有:①空气浴恒温,即在比色杯与加热器之间隔有空气,特点是方便快速,但稳定性和均匀性较差;②水浴循环式:在比色杯周围有水充盈,加热器控制水的温度,特点是温度恒定,但需特殊防腐剂以保证水质洁净并且要定期更换循环水;③恒温液循环间接加热式:在比色杯周围流动着一种特殊的恒温液(具无味、无污染、惰性、不蒸发等特点),比色杯和恒温液之间有极小的空气狭缝,恒温液通过加热狭缝的空气达到恒温,其温度稳定性优于空气式,和水浴式、循环式相比不需要特殊保养。

5. 清洗装置　包括吸液针、吐液针和擦拭刷。清洗过程包括吸取反应液、注入清洗液、吸取清洗液、注入洁净水、吸取洁净水、吸水擦干等步骤。清洗液有酸性和碱性两种,不同分析仪可根据需要选择。

(三)计算机系统

自动生化分析仪计算机系统主要包括:微处理器和主机电脑、显示器、系统及配套软件和 RS-232C 数据接口等。

三、自动生化分析仪性能指标与性能评价

正确评价仪器性能,合理选用适合自己实验室的仪器,对每个实验室来说,都非常重要。

（一）自动生化分析仪性能指标

1. 自动化程度　是指仪器能够独立完成生物化学检测操作程序的能力。生化分析仪自动化程度的高低,取决于仪器计算机处理功能和软件智能化程度,可以表现为:

（1）能否自动处理样品、自动加样、自动清洗、自动开关机等。

（2）单位时间处理样品能力、可同步分析项目数量等。

（3）软件支持功能是否强大,例如有了样品针和试剂针自动报警功能、探针触物保护功能、试剂剩余量预示功能、数据分析处理能力、故障自我诊断功能等。

2. 分析效率　即分析速度,是指在单位时间内完成项目测试数,反映单位时间内仪器可处理标本的能力。效率高低取决于一次测定中可测样品的多少和可测项目的多少。例如单通道自动生化分析仪一次只能检测一个项目,分析效率很低;多通道自动生化分析仪可同时检测多个项目,分析效率较高。目前全自动生化分析仪多数采用同步分析设计原理,加样品、加试剂、混匀、比色、清洗管道和比色杯等同时进行,大大提高了分析效率。

3. 应用范围　包括可测试的生化项目及其他项目、反应类型及分析方法种类等。应用范围广的分析仪不仅能检测多种临床生化指标,而且还可进行药物浓度监测和各种特种蛋白分析、微量元素测定等;所用的分析方法除了分光光度法外,还能进行离子选择电极法、比浊法、荧光光度法等;既能用终点法,又可用连续监测法测定。

4. 分析准确度　是提供实验分析结果精密度和准确度的主要因素,其高低取决于分析方法的选择以及仪器各部件加工精确度和稳定的工作状态。先进的液体感应探针、特殊搅拌材料和方式、高效清洗装置,不仅能准确吸取微量样品和试剂,而且有效降低交叉污染,保证检测结果的准确性。

5. 其他性能　自动生化分析仪的取液量、最小反应体积等也是衡量其性能的指标。减少试剂用量可以最大限度地节省开支,降低成本,但是不能为了节约试剂而随意改变更改样品与试剂比例。另外仪器寿命、售后技术支持、配套试剂盒供应是否为开放式等,在选用时都应一起考虑,使选用的自动生化分析仪能够物尽其用,经济实惠,性价比达到最优状态,发挥仪器的最大效能。

（二）自动生化分析仪性能评价指标

自动生化分析仪性能评价指标有精密度、波长准确性和线性、与其他仪器相关性等。

1. 精密度　主要包括批内重复性和总精密度。批内重复性是对样品的某一个或几个项目各自重复测定 20 次,计算变异系数（CV）,然后与厂家提供的该项技术指标进行比较。总精密度是选择某一常规临床生物化学检验项目的高、低两个浓度,每天做室内质量控制,计算总精密度。

2. 波长准确性和线性　波长准确性检查方法有两种:用已知准确摩尔浓度和摩尔吸光系数（ε）的溶液,测定特定波长处的吸光度（A）,计算 $\varepsilon = A$ 值 / 摩尔浓度,然后与标准 ε 比较;与已经通过波长校正的仪器比较,如有漂移,应进行适当校正。

波长线性检查方法:用一系列标准溶液在最大吸收峰处读取吸光度,然后绘制标准曲线观察其线性,或者用回归法计算线性相关。

3. 与其他仪器的相关性　同一项目不同仪器的测定结果必然有差异。为了取得一致的结果,必须进行仪器之间的相关性校正。校正方法通常为取一系列浓度标本分别用两台仪器测定,结果用线性回归处理。

（三）生化分析仪校准

生化分析仪校准分为检测项目的校准和计量部门对仪器进行的计量学检定或校准。

1. 检验项目的校准　临床实验室应制订使用生化分析的校准程序,规定仪器和检测项目的校准方法,包括用校准品的种类、来源及数量,校准间隔和校准验证及其标准等。

（1）校准品:是含有已知量的待测物,用以校准该测定方法的测量值,它与该方法试剂、仪器相关联。校准品的作用是为了减少或消除仪器、试剂等造成的系统误差。因此最好为人血清基质,以减少基质效应造成的误差。

（2）校准频率:不同的检测项目其校准频率有所不同,试剂盒说明书上一般都对校准频率进行了规定。不同的试剂、仪器对于校准频率要求不一样,一般来说,至少每6个月校准一次;当更换试剂批号或重要仪器部件进行了保养维护和更换、质控结果失控及其他纠正措施无效时。

（3）校准验证:对于检测结果准确性验证,有以下几个方面:①定值质控血清;②参加室间质评计划;③与公认的配套系统进行比较;④通过无基质效应的、用参考方法定值的新鲜冷冻患者血清,将检测系统测定结果与参考方法定值相比较,实现检测系统的溯源。

2. 计量部门对仪器进行的计量学检定或校准　生化分析仪需由国家计量或相关部门检定和校准时,内容可以包括波长、反应温度、加样（试剂和样本）精度、吸光度准确性（半峰宽）、基线漂移等。

3. 校准程序　实验室应制订相应的校准程序,规定仪器和检测项目的校准方法、使用的校准品种类、来源及数量、校准频率、校准验证标准等。应该记录每次校准的数据,包括校准时间、试剂空白、校准K值等,并从中寻找规律,不断完善校准程序,使之更加实用和有效。

四、自动生化分析仪使用与参数设置

自动生化分析仪参数是其工作的指令,所以正确合理设置参数是仪器正常运行的前提。

（一）自动生化分析仪使用

不同仪器的操作有所不同,下面介绍一般自动生化分析仪操作流程。

1. 操作前检查　检查试剂注射器、样品注射器等有无渗漏;检查纯水是否正常或足量、各项分析试剂是否充足、各种清洗剂是否足够;检查试剂针、加样针等是否需要特别清洁处理,检查样品运行通道是否通畅无障碍。

2. 操作检查 执行校准操作程序和质控操作程序,符合要求后按照标准操作程序进行检测。

3. 结束工作 完成仪器保养维护程序,关机。

按照要求认真填写各种记录,包括仪器运行维护保养记录,试剂使用记录、校准品及使用记录、日校准记录,室内质控记录等。

（二）自动生化分析仪参数设置

自动生化分析仪参数包括基本分析参数和特殊分析参数两种。封闭式生化分析仪的参数及开放式生化分析仪的部分参数由厂家提供,且不能更改;开放式生化分析仪的部分参数,应在使用前根据各实验室的实际需要和使用仪器的不同正确设置。

1. 基本分析参数设置

（1）试验名称:是指测定项目标识符,通常以项目英文缩写表示。

（2）分析方法:有一点终点法、两点终点法、固定时间法及连续监测法等。①终点分析法:是通过测定反应开始至反应达到平衡时产物或底物浓度的变化量来求出待测物浓度或待测酶活性的方法。②连续监测法:又称速率法,是通过连续测定酶促反应过程中某一反应产物或底物的吸光度,根据吸光度随时间的变化求出待测物浓度或活性的方法。主要适用于酶活性及其代谢产物的测定。③免疫透射比浊法:用于测定产生抗原抗体特异性浊度反应的项目,在光源的光路方向测量透射光强度来测定物质浓度,常采用终点法,主要用于血清特种蛋白的测定。应根据被检测物的检测方法原理选择适宜的分析方法。

（3）反应温度:通常设有 25℃、30℃、37℃三种温度,为了使酶反应的温度与体内温度一致,通常选用 37℃。

（4）检测波长:可选择单波长或双波长。单波长用于组分单一或者待测组分与其他共存组分的吸收峰无重叠时。自动生化分析仪常用双波长或多波长,根据光吸收曲线选择最大吸收峰作为主波长,副波长的选择原则是干扰物在主波长的吸光度与副波长的吸光度越接近越好,测定时主波长的吸光度减去副波长的吸光度可消除溶血、浊度等干扰物的影响,提高测定结果准确性。

（5）反应方向:有正向和负向两种,吸光度增加为正向反应,吸光度下降为负向反应。

（6）样品量与试剂量:一般根据试剂厂家提供的说明书的比例,并结合仪器特性,即样品和试剂最小加样量及加样范围、最小反应体积等进行设置。

（7）试剂选择:可选择单试剂或双试剂。①单试剂法:在反应过程中只加一次试剂的方法。包括单试剂单波长法、单试剂双波长法和标本空白法。②双试剂法:在反应过程中试剂分开配制和加入反应系统,可消除干扰和非特异性反应,稳定试剂,使检测结果更准确。包括双试剂单波长一点法、双试剂二点法和双试剂双波长法。

（8）分析时间:是自动生化分析仪参数设置的重要环节,精确与否直接影响检测结果的准确性,尤其是酶活性测定。主要包括孵育时间、延迟时间和连续监测时间。一点终点法是样品与试剂混匀开始到反应终点为止的时间。两点终点法是第一个吸光度选择点开始到第二个吸光度选择点为止的时间。连续监测法应在零级反应期内,以保证检测结果的准确性。

（9）吸光度线性范围：应选择数据收集窗时间内吸光度变化的允许范围,对于自动生化分析仪主要是设定吸光度的最大值和最小值,使反应吸光度处于线性范围内时,检测结果与吸光度变化成正比,能准确反映待测物浓度。

2. 特殊分析参数设置　还有一些参数,如试剂空白吸光度范围、试剂空白速率、样品预稀释、前区检查、线性回归方程等,在不同仪器上差别很大,不再详述。

五、自动生化分析仪维护与常见故障及排除

（一）自动生化分析仪维护

自动生化分析仪的日常维护与保养应注意以下几个方面：

1. 仪器工作环境　包括空间大小、适宜的温度和湿度、防尘防腐蚀、防震防电磁干扰等多方面。

2. 流动比色池　必须每天清洗,如长时间未开机,开机后需以去离子水浸泡24h后再用清洗液清洗。每测试完一个项目,必须彻底清洗。

3. 单色器和检测器　必须注意防潮和绝缘,因为一旦受潮积尘,会降低放大线路中的高阻抗电阻,使检测灵敏度下降,所以应及时更换仪器内部的干燥剂。

4. 仪器管道系统　除了要严格遵循标准操作手册中清洗维护程序,还必须注意样品中不能混有纤维蛋白、灰尘等不溶性物质,以免管道堵塞。

5. 定期保养并记录　严格按照仪器操作标准操作手册,并根据实际使用情况,进行仪器日常保养和维护。一般分为日保养、周保养和月保养。

（二）自动生化分析仪常见故障及排除

虽然自动生化分析仪故障率低,但是当发生偶然故障时,如果不能自行解决一定要请专业维修人员处理。

1. 零点漂移　可能是光源强度不够或不稳定,需要更换光源或检修光源光路。

2. 所有检测项目重复性差　可能是注射器或稀释器漏气导致样品或试剂吸量不准;搅拌棒故障导致样品与试剂未能充分混匀。需要更换新垫圈;检修搅拌棒工作使其正常。

3. 样品针／试剂针堵塞　可能是血清分离不彻底／试剂质量不好,需要彻底分离血清／更换优质试剂并疏通清洗样品针。

4. 样品针／试剂针运行不到位　可能是因为水平和垂直传感器故障,需要用棉签蘸无水乙醇仔细擦拭传感器;如因传感器与电路板插头接触不良引起,可用砂纸打磨插头除去表面氧化层。

5. 探针液面感应失败　可能原因是感应针被纤维蛋白严重污染导致其下降时感应

不到液面,用去蛋白液擦洗感应针并用蒸馏水擦洗干净。

六、自动生化分析仪临床应用

（一）生物化学检验中的应用

可进行肝功能、肾功能、血脂、血糖、激素、多种血清酶等项目检查,除常规生化项目外,多数仪器配有离子选择电极,能检测 pH 和电解质检查。

（二）免疫检验中的应用

检测多种免疫球蛋白、补体 C3 和 C4、类风湿因子、抗链球菌溶血素 O、C 反应蛋白和超敏 C 反应蛋白、尿微量白蛋白等多项特定蛋白。

（三）药物监测中的应用

药物监测,如强心苷类药、抗癫痫药、抗情感性精神障碍药、抗心律失常药、免疫抑制剂、平喘药、氨基糖苷类抗生素等。

第二节　电　泳　仪

电泳是指带电荷的溶质或粒子在电场中向着与自身所带电荷相反的电极移动的现象。利用电泳现象将多组分物质分离、纯化和测定的技术叫电泳技术。可以实现电泳分离技术的仪器称为电泳仪。

临床常用的电泳分析方法主要有醋酸纤维素薄膜电泳、凝胶电泳、等电聚焦电泳和毛细管电泳等。

一、电泳基本原理及影响因素

（一）电泳基本原理

电泳方式和方法虽有很多种,但其基本原理是相同的。物质分子在正常情况下一般不带电,即所带正负电荷量相等,故不显示带电性。但是在一定的物理作用或化学反应条件下,某些物质分子会成为带电离子(或粒子),不同的物质,由于其带电性质、颗粒形状和大小不同,在一定的电场中移动方向和移动速度也不同,即电泳迁移率不同,因此可以将它们分离。

（二）电泳的影响因素

1. 分子形状与性质　蛋白质、核酸等生物大分子,在分子量接近时,球状分子比纤维状分子移动速度快,表面电荷密度高的粒子比表面电荷密度低的粒子移动速度快。

2. 电场强度　是在电场方向上单位长度的电势降落,又称为电势梯度。带电粒子在电场中的运动速度(也叫泳速)与所加的电压有关。电场强度越大,带电质点受到的电场力越大,泳速越快。反之亦然。

3. 溶液的 pH 决定被分离物的解离程度和质点的带电性质及所带净电荷量。当溶液酸碱度处于某一特定 pH 时,它将带有相同数量的正、负电荷(即净电荷为零),蛋白质分子在电场中不会移动,故此特定 pH 被称为该蛋白质等电点(pI)。对蛋白质、氨基酸等两性电解质而言,pH 与 pI 差值越大,颗粒所带的电荷越多,电泳速度也越快。反之越慢。

4. 溶液离子强度 电泳技术还需要溶液具有一定的导电能力,溶液导电能力可以用离子强度表示。溶液离子强度对带电粒子的泳动有影响,颗粒泳动速度与溶液离子强度成反比。离子强度太低,缓冲液电流下降,扩散现象严重,使分辨力明显降低;离子强度太高,将有大量的电流通过琼脂板,由此而产生的热量使板中水分大量蒸发,严重时可使琼脂板断裂而导致电泳中断。一般溶液的离子强度为 0.05~0.10mol/L,最大范围 0.02~0.20mol/L。

5. 电渗作用 电场中液体相对于固体支持物的相对移动称为电渗(图 6-3)。当支持物不是绝对惰性物质时,常常会有一些离子基团如羧基、磺酸基、羟基等吸附溶液中的负离子,使靠近支持物的溶液相对带电,在电场作用下,此溶液层会向正极移动。反之,若支持物的离子基团吸附溶液中的正离子,则溶液层会向负极移动。因此,当颗粒的泳动方向与电渗方向相反时,则降低颗粒的泳动速度;当颗粒的泳动方向与电渗方向一致时,则加速颗粒的泳动速度。

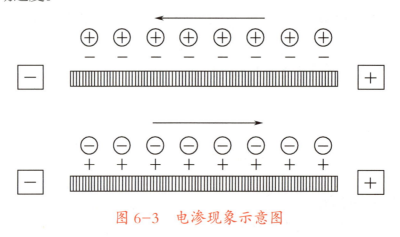

图 6-3　电渗现象示意图

6. 吸附作用 即介质对样品的滞留作用。它导致了样品拖尾现象而降低了分辨率。纸的吸附最大,醋酸纤维素膜的吸附作用较小甚至没有。

二、常用电泳仪基本结构与性能指标

(一)常用电泳仪基本结构

电泳仪的基本结构包括主要设备(分离系统)和辅助设备(检测系统)。电泳仪的主要设备包括电泳电源、电泳槽。辅助设备指恒温循环冷却装置、伏时积分器、凝胶烘干器等,有的还有检测装置。

目前临床常规使用的自动化电泳仪一般分为两个部分：电泳可控制单元（包括电泳槽、电源和半导体冷却装置）和染色单元。有些仪器的电泳过程（点样、固定、染色和脱色等）全部由微机自动化控制，操作简便、快速，保证了检测结果的准确性和可重复性。

1. 电泳电源　是建立电泳电场的装置，通常为稳定（输出电压、输出电流或输出功率）的直流电源，并要求能方便地控制电泳过程中所需电压、电流或功率。

2. 电泳槽　是样品分离场所，是电泳仪的主要部件。槽内装有电极、缓冲液槽、电泳介质支架等。电泳槽种类很多，例如单垂直电泳槽、双垂直电泳槽、卧式多用途电泳槽、圆盘电泳槽、管板两用电泳槽、薄层等电聚焦电泳槽、琼脂糖水平电泳槽、盒式电泳槽、垂直可升降电泳槽、垂直夹心电泳槽、U 型管电泳槽、DNA 序列分析电泳槽、转移电泳槽等。

3. 辅助设备　包括恒温循环冷却装置、伏时积分器、凝胶烘干器等，有的还有分析检测装置。

（二）电泳仪主要性能指标

电泳仪主要性能指标有下几项：

1. 输出电压　电泳仪输出直流电压范围（0~600V），有的还同时给出精度。

2. 输出电流　电泳仪输出直流电流范围（1~400mA），有的还同时给出精度。

3. 输出功率　电泳仪输出直流功率范围（0~400W），有的还同时给出精度。

4. 连续工作时间　电泳仪可连续正常工作时间（0~24h）。

5. 显示方式　有指针式仪表和数字式显示两种。

6. 定时方式　电泳时间控制方式，常有电子石英钟控制，还有用预设的功率值控制，当电泳功率达到预定值时即可断电。

对于复杂的电泳仪还有温度控制、制冷和加热等性能指标。

 知识链接

毛细管电泳是一类以毛细管为分离通道、以高压直流电场为驱动力，根据样品中各组分之间迁移速度（淌度）和分配行为上的差异而实现分离的一类液相分离技术。其特点为高灵敏度、自动化程度高、高分辨率、所用样品少、环境污染小、应用范围广等。

三、电泳仪使用与常见故障及排除方法

（一）电泳仪使用

自动化电泳仪具有电脑程序化管理、快捷简便的人机对话等功能。自动化电泳仪操作过程如下：

1. 开机　打开电脑、电泳仪和扫描仪电源，仪器自检，显示主菜单，即可开始工作。

2. 输入被检者信息　进入菜单输入患者资料。

3. 加样　在电泳片上加样。

4. 电泳　选择设定好的试验程序,开始电泳。

5. 染色扫描　电泳完成后,仪器自动保温显色或染色、烘干、自动扫描。

6. 结果编辑打印　仪器编辑,确定打印份数,打印报告。

7. 关机　退出主屏,关闭电脑、电泳仪和扫描仪。

（二）电泳仪维护保养

自动化电泳仪每天使用完后,像其他仪器一样,需要严格的维护保养。常见自动电泳仪维护保养程序如下:

1. 每日维护　使用完毕后用蒸馏水浸湿纸张清洗电泳槽。

2. 每周维护　用肥皂水清洗电泳槽,并用蒸馏水冲洗,晾干。

（三）电泳仪常见故障及排除

电泳仪常见故障及排除方法见表6-1。

表6-1　电泳仪常见故障及排除方法

故障信息	引起故障可能原因	排除方法
转盘识别错误	细微灰尘吸附在灯上	仪器关机,用洁净棉签轻轻拭去灯上面的灰尘。仪器开机后再进行测定
样品识别错误	血清分离不好或者有灰尘吸附	关机状态,拆开仪器内透明有机玻璃,用无水乙醇擦拭加样针外壁,然后安装好,再用仪器内程序进行加样针清洗,洗完1~2次后,进行加样针加样感应定位
仪器报警出现缺少稀释杯或稀释杯感应错误	仪器稀释杯位置错误	观察稀释杯位置,如果没有处于正常位置,可手动将其移动到其原来位置,然后进行稀释杯感应定标
曲线不理想,显示不稳定	毛细管的长期使用出现不清洁	毛细管清洗程序进行清洗,然后按激活程序进行激活即可
电泳时出现峰丢失	未接入检测器,或检测器不起作用	检查设定值
	进样温度太低	检查温度,并根据需要调整
	柱箱温度太低	检查温度,并根据需要调整
	无载气流	检查压力调节器,并检查泄漏,验证柱进品流速
仪器运行过程中突然断电	电流量不稳定或仪器内有短路现象	采用稳压措施,咨询工程师更换保险

四、电泳技术临床应用

目前用于临床实验室的电泳技术主要有用于分离鉴定多种体液中的蛋白质、同工酶等。

（一）蛋白质电泳

常用电泳包括以下几种：

1. 血清蛋白电泳　许多疾病的总血清蛋白浓度和各蛋白组分的比例有所改变，形成具有一定特征的血清蛋白电泳图谱，该图谱能帮助我们对某些疾病进行诊断及鉴别诊断。

2. 尿蛋白电泳　临床进行尿蛋白电泳的主要目的：①确定尿蛋白来源；②了解肾脏病变严重程度（选择性蛋白尿与非选择性蛋白尿），从而有助于诊断和判断预后。

3. 免疫固定电泳　可对各类免疫球蛋白（Ig）及其轻链进行分型，最常用于临床常规 M 蛋白的分型与鉴定。

4. 脂蛋白电泳　脂蛋白电泳检测各种脂蛋白，主要用于高脂血症的分型、冠心病危险性估计，以及动脉粥样硬化性疾病的发生、发展、诊断和治疗效果观察的研究等。

（二）同工酶电泳

同工酶电泳用于临床上常见的乳酸脱氢酶同工酶、肌酸激酶同工酶及肌酸激酶同工酶亚型分析，对心肌损伤、骨组织损伤、恶性肿瘤（肝癌、肺癌）等鉴别诊断及监测有一定作用。

第三节　血气分析仪

血气分析仪是利用电极对人全血中的酸碱度（pH）、二氧化碳分压（PCO_2）和氧分压（PO_2）进行测定的仪器。根据所测得的 pH、PCO_2、PO_2 参数及输入的血红蛋白值，血气分析仪可进行计算而求出血液中的其他相关参数。血气分析仪广泛应用于昏迷、休克、严重外伤等危急患者的临床抢救、外科大手术的监控、临床效果的观察和研究工作，也是肺心病、肺气肿、呕吐、腹泻和中毒等疾病诊断、治疗所必需的设备。

随着机械制造水平的提高和计算机技术的发展，数据处理速度加快，样品使用量少，血气分析仪正在向着多功能、小型化和连续测量等方面发展。

一、血气分析仪工作原理

血气分析仪的工作原理如图 6-4 所示。

在仪器测量标本过程中，被测血液样品在管路系统的抽吸下，进入样品室内的测量毛细管中。测量毛细血管的管壁上开有几个孔，孔内分别插有 pH、PCO_2 和 PO_2 等测量电

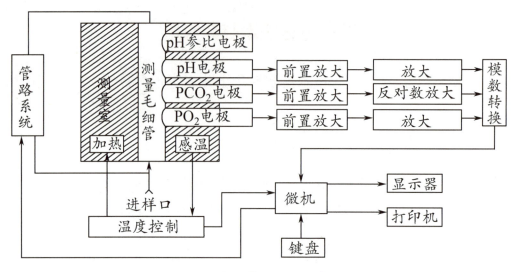

图 6-4　血气分析仪的工作原理图

极和一支参比电极。其中，pH 电极和 pH 参比电极共同组成对 pH 的测量系统。血液样品进入样品室的测量管后，管路系统停止抽吸，样品同时被四个电极感测，分别产生对应 pH、PCO_2 和 PO_2 三项参数的电信号，这些电信号分别经放大、模数转换后送到微处理机，经微机处理运算后，再分别被送到各自的显示单元显示或由打印机打印。

血气分析方法是一种相对测量方法。在测量样品之前，需用标准液及标准气体确定 pH、PCO_2 和 PO_2 三套电极的工作曲线。通常把确定电极系统工作曲线的过程叫做定标或校准。每种电极都要有两种标准物质来进行定标，以便确定建立工作曲线最少需要的两个工作点。pH 系统使用 7.383 和 6.840 两种标准缓冲液来进行定标。氧和二氧化碳系统用两种混合气体来进行定标，第一种混合气中含 5%CO_2 和 20%O_2；第二种含 10%CO_2，不含 O_2。一些血气分析仪还增加了测量血红蛋白的项目。

二、血气分析仪基本结构

血气分析仪虽然种类、型号很多，但其基本结构都可包括电极系统、管路系统和电路系统三大部分。

（一）电极系统

电极是血气分析仪的电化学传感器，主要包括离子型和伏安型传感器两大类，其中离子型主要有 K^+、Na^+、Li^+、Ca^{2+}、Cl^-、pH 和 PCO_2，伏安型传感器主要是 PO_2。它们的工作原理相同，结构也类似。一般的血气分析仪使用四支电极，分别为 pH 电极、PCO_2 电极、PO_2 电极和 pH 参比电极。

（二）管路系统

血气分析仪管路系统比较复杂，是血气分析仪中的重要组成部分。功能有完成自动定标、自动测量、自动冲洗等。管路系统结构如图 6-5 所示，通常由气瓶、溶液瓶、连接管道、电磁阀、正负压泵和转换装置等部分组成。在实际工作过程中，该系统出现的故障最多。

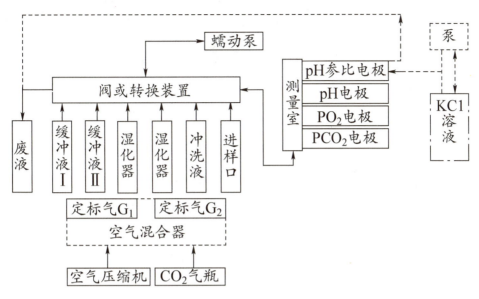

图 6-5　血气分析仪管路系统结构图

1. 气路系统　主要用来提供 PCO_2 和 PO_2 两种电极定标时所用的两种气体。每种气体中含有不同比例的氧和二氧化碳。血气分析仪的气路分为两种类型，一种是压缩气瓶供气方式，又称为外配气方式；另一种是气体混合器供气方式又称为内配气方式。前者由两个压缩气瓶供气，一个含有 5% 的 CO_2 和 20% 的 O_2；另一个含 10% CO_2，不含 O_2；后者用仪器本身的气体混合器产生定标气，将空气压缩机产生的压缩空气和气瓶送来的纯 CO_2 气体进行配比、混合，最后产生类似于上述气瓶内气体比例的两种不同浓度的气体。

2. 流路系统　具有两种功能：一是提供 pH 电极系统定标用的两种缓冲液，二是自动将定标和测量时停留在测量毛细管中的缓冲液或血液冲洗干净。

（三）电路系统

电路系统将仪器测量信号进行放大和模数转换、对仪器实行有效控制显示和打印结果，并通过键盘输入指令。

当被测样品通过样品预热器时候，被吸入电极测量室内，样品分别被由 pH、PCO_2、PO_2、红细胞压积（HCT）、Na^+、K^+、Cl^-、Ca^{2+} 和参比电极组成电极测量系统有选择地检测，并转化成相应的电极信号，这些信号经各自频道被放大，再经模数转换后变成数字信号，经微机处理、运算后，由荧光屏显示或从打印出结果。

三、血气分析仪操作流程

血气分析仪具有电脑程序化管理、快捷简便的人机对话等功能。其基本操作流程如图 6-6 所示。

图6-6 血气分析仪操作流程图

四、血气分析仪维护与常见故障排除

血气分析仪作为一种精密分析仪器,操作比较简单,关键是日常维护和出现故障后的排除。

(一)血气分析仪维护保养

1. 电极保养 电极是一种十分贵重的部件,应注意保养,尽量延长其寿命。

(1)参比电极保养:其内电极部分不需要保养。注意在更换盐桥或电极内的KCl溶液时,除加入室温下饱和的KCl溶液外,还需要加入少许的KCl结晶,使其在37℃恒温条件下也达到饱和。同时防止参比电极存在气泡,否则会严重影响电极的功能。

(2)pH电极的保养:pH电极的使用寿命一般为1~2年,不管是否使用,其寿命都相同。因此在购买时应注意其生产日期,以免因过期或一次购买太多备用电极而造成浪费。如果pH电极在空气中暴露2h以上,应将其放在缓冲液中浸泡6~24h才能使用。血液中的蛋白质容易黏附在电极表面,必须经常按血液→缓冲液(或生理盐水)→水→空气的顺序进行清洗。亦可用随机附送的含蛋白水解酶的清洗液或自配的0.1%胃蛋白酶盐酸溶液浸泡30min以上,用生理缓冲液洗净后浸泡备用。若清洗后仍不能正常工作,应更换电极。

(3)PCO_2电极保养:PCO_2电极由内电极、半透膜、尼龙网和外缓冲液组成。电极要经常用专用清洁剂清洗,如果经清洗、更换缓冲液后仍不能正常工作时,应更换半透膜。电极用久后,阴极端玻璃上会有Ag或AgCl沉积,可用滴有外缓冲液的细砂纸磨去沉积物,再用外缓冲液洗干净。清洗沉积物、半透膜和电极的更换应定期进行。

(4)PO_2电极的保养:PO_2电极中干净的内电极端部和四个铂丝点应该明净发亮。

每次清洗时,都应该用电极膏对PO_2电极进行研磨保养。

PCO_2电极和PO_2电极在保养后,均需重新二点定标,才能使用。

2. 仪器日常保养　血气分析仪的正常运行和寿命取决于操作人员对仪器的熟悉程度,使用水平和日常的精心保养和维护。

（1）每天检查大气压力、钢瓶气体压力;检查定标液、冲洗液是否过期,检查气泡室是否有蒸馏水。

（2）每周更换一次内电极液,定期更换电极膜;至少冲洗一次管道系统,擦洗分析室。

（3）若电极使用时间过长,电极反应变慢,可用电极活化液对pH/PCO_2电极活化,对PO_2电极进行轻轻打磨,除去电极表面氧化层。避免用仪器测定强酸强碱样品,以免损坏电极。若测定偏酸或偏碱液时,可对仪器进行几次一点校正。

（二）常见故障及其排除方法

1. 样品吸入不良　蠕动泵管老化、漏气或泵坏所致。需要更换管道或维修蠕动泵。

2. 样品输入通道堵塞　见于以下几种情况:

（1）血块堵塞:如系血块堵塞,一般用强力冲洗程序将血块冲出。如冲不走,可换上假电极,使转换盘处于进样位置,用注射器向进样口中注蒸馏水,便可将血块冲走。

（2）玻璃碎片堵塞:如毛细管断在进样口内,可将样品进样口取下来,将玻璃碎片捅出即可。

3. 定标不正确但取样时不报警　故障原因:标本常被冲掉,分析系统管道内壁附有微小蛋白颗粒或细小血凝块,使管道不通畅,应冲洗管道;连接取样传感器的连线断裂,应重新连接;取样不正确,混入微小气泡,应重新取样。

第四节　电解质分析仪

电解质是指在溶液里能电离成带电离子而具有导电性能的一类物质,主要指钾（K）、钠（Na）、氯（Cl）、钙（Ca）、锂（Li）等。目前的常规方法不能测定细胞内液电解质的浓度,故常以血清的电解质数值代表细胞外液的电解质含量,并以此作为判断和纠正电解质紊乱的依据。

测定分析电解质的方法很多,有化学法、火焰光度法、原子吸收法、离子选择性电极法等。经过多年的发展,电解质分析仪已在临床检验中得到了普遍应用。

一、电解质分析仪工作原理

临床最常用的电解质分析仪,其测定原理为离子选择电极分析法。电解质分析仪采用一个毛细管测试管路,让待测样品与测量电极相接触。测量电极常为离子选择电极

（ISE），其响应机制是由于相界面上发生了待测离子的交换和扩散，而非电子转移。离子选择电极电位与样品中相应离子之间的作用符合能斯特关系：

$$EISE=k\pm(2.303RT/n)\ln ax=k\pm(2.303RT/n)\ln Cxfx$$

式中，阳离子选择性电极为 +；阴离子选择性电极为 −；n 为离子电荷数；Cx 为被测离浓度；fx 为被测离子活度系数；k 在测量条件恒定时为常数。上式表明，在一定条件下，离子选择性电极的电极电位与被测离子浓度的对数呈线性关系。

ISE 与仪器内参比电极浸入样品试液中构成一个原电池，通过测量原电池的电动势 E，就可求出被测离子活度或浓度。

电解质分析仪测定 Na^+、K^+、Ca^{2+} 和 pH 的工作原理见图 6-7。当样品通过测量毛细管时，各离子选择电极膜与其相应的离子发生作用，与参比电机产生相关的电位差 E，经放大处理后，通过标准曲线与待测离子电位差值对照，即可求得各被测离子的浓度值，并显示或打印出来。仪器将测量电极与测量毛细管做成一体化的结构，使各电极对接在一起自然形成测量毛细管。参比电极采用甘汞电极。

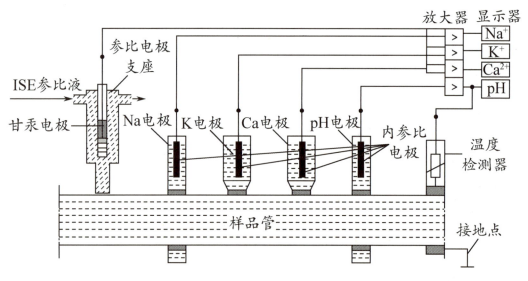

图 6-7　电解质分析仪工作原理图

二、电解质分析仪基本结构

临床上常用的电解质分析仪由离子选择性电极、参比电极、分析箱、测量电路、控制电路，驱动电机和显示器等组成。

1. 面板系统　不同的电解质分析仪在仪器面板上都有人机对话的操作键。在分析检测样品时，操作者可以通过按键操作控制分析检测过程。

以常见的钠、钾、氯电解质分析仪为例，各项参数既可在面板上的液晶显示器显示，也可通过设在仪器顶部的打印机打印出来。其面板上有人机对话提示，按照提示操作即可。

2. 电极系统　电极系统是测定样品结果的关键,决定测定结果的准确度和灵敏度,包括指示电极和参比电极。指示电极包括 pH、Na^+、K^+、Li^+、Ca^{2+}、Mg^{2+} 离子选择性电极;参比电极一般是银 / 氯化银电极。

3. 液路系统　不同类型的电解质分析仪具有的液流系统稍有不同。但通常由标本盘、溶液瓶、吸样针、三通阀、电极系统、蠕动泵等组成。液路系统直接影响到样品浓度测定的准确性和稳定性。

4. 电路系统　电解质分析仪一般由五大模块组成:电源电路模块、微处理机模块、输入输出模块、信号放大及数据采集模块、蠕动泵和三通阀控制模块。

电源电路模块主要提供分析仪的打印机接口电路、蠕动泵控制电路、电磁阀控制电路和其他各种部件所需的电源。

微处理器模块包括主机 CPU 芯片,通过地址总线、数据总线与显示板、打印机、触摸控制板相连,通过系统总线与模拟通道液压系统相连。

信号放大模块是主信号放大器变换器(电极、标本检测器)和其他电子系统间的界面,它除了钠、钾、氯等测量通道外,其余模拟信号也在放大系统上处理,所有这些信号被传输到 CPU 板上的主 A/D 变换器上。

5. 软件系统　软件系统是控制仪器运作的关键。它提供仪器微处理系统操作、仪器设定程序操作、仪器测定程序操作和自动清洗等操作程序。

三、电解质分析仪操作流程

临床实验室使用的电解质分析仪型号、品牌较多,以梅州康立 K-Lite5 电解质分析仪为例,其基本操作步骤如下。

1. 开机　检查定标液,清洗液,是否足够,管道有无堵塞。

2. 仪器校准　仪器提示是否定标,按 YES 确定,定标成功后仪器进入待机状态。

3. 检测　点击样本测试,仪器提示抬起吸液针,将血清置于针下,仪器提示是否吸样,按 YES;检测完成仪器自动显示结果并打印。

4. 待机　仪器进入 24h 待机状态。

四、电解质分析仪维护与常见故障排除

(一)仪器维护保养

1. 电极系统的保养

(1)钠电极:钠电极内充液的浓度降低最为严重,要经常检查调整内充液浓度。如仪器的程序设计中的每日保养。

（2）钾电极：至少每 2 个月更换一次内充液。

（3）氯电极：氯电极为选择性膜电极，使用过程中亦会吸附蛋白质，影响电极的响应灵敏度，最好用物理法进行膜电极的清洁。

（4）参比电极：每周需检查电极内是否有足够的饱和氯化钾溶液及氯化钾残片。一般 3 个月要换一次参比电极膜。

2. 流路保养

（1）流路保养：多数仪器都有仪器流路保养程序，可以根据保养程序进行保养工作。当流路保养程序结束后，应当对仪器进行重新定标。

（2）全流路清洗：为了保证仪器流路中没有蛋白质、脂类沉积和盐类结晶。每天工作结束关机前，都要进行管路清洗。

3. 日常维护保养　应按照使用说明书上的要求，进行每日保养、每周保养和每 6 个月维护和停机维护。

（1）每日保养：检查试剂量，如量不足应及时更换；及时弃去废液瓶中的废液。

（2）每周保养：要清洁样本注入口、样本探针以及仪器表面。

（3）每月保养：除日常保养项目外，还需要采用家用漂白剂清洁参比电极套。

（4）每 6 个月保养：每 6 个月需要更换蠕动泵管。

（二）常见故障及其排除方法

仪器出现故障时应先排除维护和使用不当等因素，如管道松动、破裂，参比电极长期未换，长期没有活化去蛋白，进样针（或三通或电极）堵塞，泵管老化等。然后检查电极电压和斜率是否正常。再用电极检查程序确认电极输出是否稳定。一些常见故障、产生原因和排除方法如下。

1. 仪器不工作　检查电源、保险丝熔断等。

2. 定标不能稳定　标准液检测不到，可能的解决办法是：检查试剂包液体的剩余量，如果少于 5%，更换试剂包；检查标准液管道中或电极通道是否有堵塞；检查样本传感器安装是否正常、是否需要清洁；更换蠕动泵管。

3. 检测不到参比液　当测量室没有检测到参比液流，会显示"检测在每次定标的开始时执行"。可能的解决办法是：检查参比套的充液是否正常，确认参比管连接管正常。因该过程需要用到 A 液，确认 A 液吸入正常，否则更换试剂包；清洁参比电极套。

4. 检测不到样本液　可能样本中有气泡，样本量太少不能分析，或没有样本吸入。可能的解决办法是：①重复检查样本观察针有没有探测到样本；②观察样本管路是否堵塞；③检查电极上的 O 形圈是否完好；④检查样本传感器，做测试程序确认；⑤更换蠕动泵管。

5. 检测不到电极　可能的解决办法：确认电极安装正确；检查参比电极，如果需要清洁参比套或更换参比电极。

6. 堵塞液体通路　不能清洁样本通路,或不能定标。可能的解决办法是:检查电极上 O 形圈是否完好,确认液体没有泄漏;检查液体通路中有无堵塞或结晶,特别是在吸样针、样本传感器的管路和样本传感器;检查样本传感器,做测试程序确认,如果需要清洁样本传感器;更换参比电极套。

本章小结

　　分立式自动生化分析仪主要由样品处理系统、检测系统和计算机系统等三部分,该类仪器具有各个样品在分析过程中彼此分开独立,互不掺杂、交叉污染相对较低、灵活准确、分析项目多等特点。自动生化分析仪必须建立仪器使用规范,加强仪器日常维护。为确保临床检验工作顺利开展,必须对自动生化分析仪的故障进行正确分析并及时排除。自动生化分析仪不仅应用于生物化学检验,还应用于免疫检验和药物监测等。

　　电泳仪的主要设备包括电泳电源、电泳槽。辅助设备指恒温循环冷却装置、伏时积分器、凝胶烘干器等,有的还有检测装置。自动化电泳仪每天使用完后,需要严格做好日保养和周维护及保养。电泳仪的常见故障及排除方法应按仪器操作说明书进行。电泳技术主要有用于分离鉴定多种体液中的蛋白质、同工酶等。

　　血气分析仪是利用电极对人全血中的酸碱度(pH)、二氧化碳分压(PCO_2)和氧分压(PO_2)进行测定的仪器。其基本结构都可包括电极系统、管路系统和电路系统三大部分。血气分析仪操作比较简单,关键是日常的维护和出现故障后的排除。

　　临床上常用离子选择电极检测体液中 K^+、Na^+、Cl^-、Ca^{2+}、Mg^{2+} 等电解质离子浓度,检测仪器为电解质分析仪。常用的电解质分析仪由离子选择性电极、参比电极、分析箱、测量电路、控制电路,驱动电机和显示器等组成。电解质分析仪的维护保养包括电极系统的保养、液路系统的保养。电解质分析仪的常见故障应根据实际情况采取相应的方法予以排除。

（张兴旺）

思考与练习

一、名词解释

1. 自动生化分析仪
2. 连续监测法
3. 延迟时间

思维导图

二、简答题

1. 自动生化分析仪的性能指标有哪些?
2. 影响电泳的因素有哪些?
3. 血气分析仪的日常维护保养有哪些?
4. 电解质的液路系统由哪些部分组成?

第七章 | 免疫分析相关仪器

07章 数字资源

免疫分析是基于抗原和抗体可以进行特异性反应而建立的一种检测技术，可以检测标本中的微量物质，具有特异性强、敏感度高等优点。利用免疫分析技术而设计的各种类型的免疫分析仪器在各级、各类实验室中广泛应用，在疾病的研究、诊断、治疗等方面发挥了重要的作用。

本章主要介绍几种临床常见免疫分析仪器的原理、结构、使用及维护等内容。

第一节　酶免疫分析仪

酶免疫分析是目前临床免疫检验中最常用的分析技术，具有灵敏度高、特异性强、试剂稳定、操作简单、快速且无放射性污染等优点。是临床免疫检验中应用最多的一类免疫分析仪器。

一、酶免疫分析技术分类

酶免疫分析技术是将酶高效催化和放大作用与免疫反应的特异性相结合而建立的一种免疫标记技术。酶作为示踪剂标记在抗原（抗体）上，再进行免疫结合反应，最后加入底物。酶催化底物呈现颜色变化，根据酶催化底物显色的深浅对样品中的抗原（抗体）的含量进行定性及定量分析方法。

（一）酶免仪技术分类

根据抗原抗体反应后是否需要分离结合与游离的酶标志物，可分为均相酶免疫测定和非均相（或异相）酶免疫测定两种方法。

1. 均相酶免疫分析法　均相酶免疫分析是指在抗原抗体反应后，无须分离结合和游离的酶标志物，根据反应前后酶活性的改变直接进行待测物质测定的分析方法。测定的物质以激素、药物等小分子抗原或半抗原为主。检测在液相中进行，主要有酶扩大免疫测定技术和克隆酶供体免疫测定两种方法。

2. 非均相酶免疫分析法　非均相酶免疫分析法是指在抗原抗体反应达到平衡后，将游离状态的和结合状态的酶标志物分离，然后根据酶催化的底物的显色程度计算出待测样品中抗原（抗体）的含量。根据试验中是否使用固相支持物作为吸附免疫试剂的载体，又可分为固相酶免疫法和液相酶免疫法。其中以固相支持物为载体的实验最常用，即固相酶联免疫吸附实验（ELISA）。ELISA 的测定模式有双抗体夹心法、间接法、竞争法、捕获法等，是临床上最常用的免疫分析方法。

（二）酶免疫分析仪分类

根据固相支持物的不同，酶免疫分析仪可分为微孔板固相酶免疫分析仪、管式固相酶免疫分析仪、微粒固相酶免疫分析仪和磁微粒固相酶免疫分析仪等。

1. 微孔板固相酶免疫分析仪　微孔板固相酶免疫分析仪简称酶标仪。根据通道的多少分为单通道和多通道两种类型，单通道有自动和手动之分；根据波长是否可调分为滤光片酶标仪和连续波长酶标仪；根据功能的不同又分为带紫外功能的酶标仪和带荧光功能的酶标仪。

2. 管式固相酶免疫分析仪　应用管式固相载体的 ELISA 分析仪器不多，有全自动管式 ELISA 分析系统和特殊形状的管式全自动 ELISA 的分析仪。

3. 微粒固相酶免疫分析仪　是一种在酶免疫分析的基础上结合了荧光免疫测定技术的全自动免疫分析仪。

4. 磁微粒固相酶免疫分析仪　磁微粒采用磁吸引与液相分离的磁微粒固相酶免疫分析系统，由分光光度分析仪、磁铁板和试剂三部分组成。

二、酶免疫分析仪工作原理

酶免疫分析仪其实就是一台特殊的光电比色计或分光光度计,根据 ELISA 技术的特点而设计,其基本工作原理是分光光度法。下面以临床免疫检验最常用的酶标仪为例介绍酶免疫分析仪的工作原理。如图 7-1 所示,光源射出的光线通过滤光片或单色器后,成为单色光束,光束经待测标本后到达光电检测器,光电检测器将接收到的光信号转变成电信号,再经过前置放大、对数放大、模数转换等模拟信号处理后,进入微处理器进行数据的处理和计算。酶标仪光路系统如图 7-2 所示。

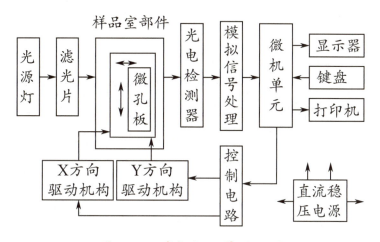

图 7-1　酶标仪工作原理图

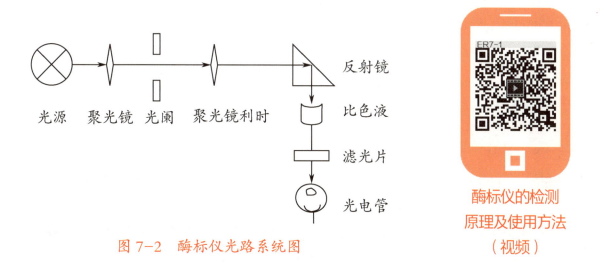

图 7-2　酶标仪光路系统图

酶标仪的检测原理及使用方法（视频）

三、酶免疫分析仪基本结构

以临床免疫检验最常用的酶标仪为例介绍酶免疫分析仪的基本结构。

1. 加样系统　包括加样针、条码阅读器、样品盘、试剂架等构件,样品盘所用的微孔板多为96孔。

2. 温育系统　主要由加温器及易导热的金属材料构成,温育时间及温度设置,是由控制软件精确调控的。

3. 洗板系统　主要由支持板架、洗液注入针及液体进出管路等组成。

4. 判读系统　主要由光源、滤光片、光导纤维、镜片及光电倍增管组成,是准确、客观判读最终结果的设备。

5. 机械臂系统　该系统由软件控制,可以精确移动加样针和微孔板,并通过输送轨道将酶标板送入读板器进行自动比色判读。

四、酶免疫分析仪性能评价

为了提高酶免疫分析仪检测结果的准确性和可靠性,已经建立了一套酶免疫分析仪性能的评价体系,其评价指标和方法主要从以下几个方面进行:

1. 滤光片波长精度检查及其峰值测定　用高精度紫外－可见分光光度计在可见光区对不同波长的滤光片进行光谱扫描,检测值与标定值之差即为滤光片波长精度,其值越接近零且峰值越大表示滤光片的质量越好。

2. 准确度评价　准确配制1mmol/L对硝基酚水溶液,将10mmol/L氢氧化钠溶液稀释25倍,加入200μl稀释液于微孔中,以10mmol/L氢氧化钠溶液调零,在490nm波长(参比波长650nm)处检测,其吸光度靶值为0.4。

3. 灵敏度评价　准确配制6mg/L重铬酸钾溶液,加200μl重铬酸钾溶液于微孔杯中,以0.05mol/L硫酸溶液调零,在490nm波长(参比波长650nm)处检测,其吸光度应大于0.01。

4. 精密度　每个通道三只微孔杯,分别加入200μl高、中、低三种浓度的甲基橙溶液,用蒸馏水调零,采用双波长作双份平行测定,每日两次,连续测定20d。分别计算批内精密度、日内批间精密度、日间精密度和总精密度以及相应的$CV(\%)$值。

5. 零点漂移　用8只微孔杯分别置于8个通道的相应位置,均加入200μl蒸馏水并调零,在波长490nm(参考比波长650nm)处每30min测定一次,连续观察4h其吸光度与零点的差值即为零点漂移。

6. 通道差与孔间差检测　①通道差:取一只酶标微孔杯以酶标板架作载体,将其(内含200μl甲基橙溶液,吸光度0.5左右)先后置于八个通道的相应位置,用蒸馏水调零,在490nm波长处进行测定,连续测定3次,观察不同通道之间测量结果的一致性,通道差用极差值来表示;②孔间差:选择同一厂家、同一批号酶标微孔板条(8条共96孔)分别加入200μl甲基橙溶液(吸光度0.065~0.070)先后置于同一通道,蒸馏水调零,在490nm波长(参比波长650nm)处检测,其误差大小用±1.96s衡量。

7. 线性范围　准确配制5个系列浓度的甲基橙溶液,用蒸馏水调零,在490nm波长

（参比波长 650nm）处平行检测 8 次，进行统计分析以衡量其线性范围。

8. 双波长评价　取同一厂家、同一批号酶标板条进行检测，计算单波长和双波长测定结果的均值、离散度，比较各组之间是否具有统计学差异以考察双波长清除干扰因素的效果。

五、酶免疫分析仪使用、维护与常见故障处理

（一）酶免疫分析仪使用

酶免疫分析仪的使用较为简单，不同的仪器操作方法略有不同但都包括几个关键步骤。操作流程见表 7-1。

表 7-1　酶免疫分析仪简单操作流程

操作步骤	操作方法
开机	接通电源，打开酶标仪开关、仪器自检，自动预热 2~3min
参数设置	打开酶标仪软件，选择测量模式并设置参数，如：波长、滤光片等
样品装载	将处理好的样本放入试剂盘，选择相应的测定程序
样品测定	检查无误后，按"开始"键，仪器开始对样品测试
结果查询传送	测定结束后，保存测定结果并打印
关机	卸载样品盘，清洗管路后关闭仪器

（二）酶免疫分析仪维护

酶免疫分析仪是一种精密的光学仪器，因此，良好的工作环境不仅能确保其准确性和稳定性。还能够延长其使用寿命。具体包括以下几个方面：

1. 安装要求　①仪器应放置在无强磁场和干扰电压且噪声低于 40dB 环境下；②操作环境空气清洁，避免水雾、烟尘，温度应在 15~40℃，湿度在 15%~85%；③避免阳光直射，以延缓光学部件老化；④操作时电压应保持稳定；⑤保持干燥、洁净、水平的工作台面，且有足够的操作空间。

2. 日常维护　①仪器外部清洁：用柔软抹布蘸取中性清洁剂轻轻擦拭仪器外壳，清除灰尘和污物；②检查加样系统：避免蛋白类物质的沉积于加样针；若加样针涂层有破损迹象，必要时要更换；③清洁仪器内部样品盘和微孔板托架周围的泄漏物质，注意防止生物危害；④每日仪器工作结束后进行一次标准洗液及洗液管路维护，防止形成盐类结晶堵塞洗涤管道；⑤清理实验过程中产生的废液及其他废弃物。

3. 月维护　①使用仪器厂商提供的软件执行检查程序，并打印检查结果报告归档；②检查所有管路及电源线是否有磨损及破裂，如有要及时更换；③检查样品注射器及与

之相连探针是否有泄漏及破损,如果有,则更换;④检查微孔探测器是否有堵塞物,如有要及时除去;⑤检查支撑机械臂的轨道是否牢固,并检查机械臂及其轨道上是否有灰尘,如有可用干净布将其擦净。

（三）酶免疫分析仪常见故障处理

1. 洗板头堵塞　此故障在该分析仪最常见,多因样本中存在纤维蛋白所致。如在仪器自检过程中出现,可以先关机将洗板头清洗后,重新开机自检。如果在洗板时出现,则需要按仪器"暂停"键,将洗板头疏通后继续洗板。

2. 加样注射器和硅胶管连接处漏水或脱落　由于管道堵塞使硅胶管破裂或脱落,可在仪器自检或试验过程中出现。需拆下加样针并疏通,如硅胶管破裂,需更换。开机自检通过后,对仪器管道行冲洗再开始试验。

3. 试剂盘错误　开机自检时报试剂盘错误,且试剂盘不停地转动,无法停止。这是由于试剂盘底面小磁铁脱落导致。需关机,摘下试剂盘,把小磁铁安装回去并清洁传感器。

酶免疫分析法具有高度特异性和敏感性,使用方法简单,适用于大批量标本测定。

洗板机（文档）

酶免疫分析仪不但可以定性测定还可以定量测定,广泛应用于临床检验相关检测项目中,如乙型肝炎病毒（HBV）、人类免疫缺陷病毒（HIV）、巨细胞病毒（CMV）等病毒感染的诊断;各种免疫球蛋白和细胞因子、补体等的检测;肿瘤标志物的检测等。洗板机一般与酶标仪配套使用,专门用来清洗酶标板,广泛应用于医院、血站、实验室酶标板的清洗工作。目前,几乎所有医院检验科都使用酶标仪和洗板机,这就要求学生了解酶标仪和洗板机的工作原理及使用方法。在实训课中加强对酶标仪和洗板机工作原理的讲解及使用方法训练。

第二节　化学发光免疫分析仪

化学发光免疫技术是将发光系统与免疫反应相结合,以检测抗原或抗体的方法。既具有免疫反应的特异性,更兼有发光反应的高敏感性,在免疫学检验中应用日趋广泛。

一、化学发光免疫分析仪分类及特点

（一）化学发光免疫分析基本种类

发光免疫分析根据标志物不同,有化学发光免疫分析、电化学发光免疫分析、微粒子化学发光免疫分析、化学发光酶免疫分析和生物发光免疫分析等（表7-2）。根据发光反应检测方式不同,发光免疫分析又可分为液相法、固相法和均相法等测定方法。

表7-2　发光免疫分析类型、常用发光剂及底物

类型	发光剂	底物
直接化学发光免疫分析	吖啶酯	氢氧化钠、过氧化氢
化学发光酶免疫分析	碱性磷酸酶；辣根过氧化物酶	金刚烷；鲁米诺及其衍生物
电化学发光免疫分析	三联吡啶钌	三丙胺
光激化学发光免疫分析	感光微球	发光微球
时间分辨荧光免疫分析	镧系三价稀土元素及其螯合物	光激发

（二）化学发光免疫分析仪特点

1. 全自动化学发光免疫分析仪　采用化学发光技术和磁性微粒子分离技术相结合的方法,所用的磁性颗粒,直径小表面积大,对抗原或抗体的吸附量增加,反应速度加快,清洗和分离也更加简单。具有操作灵活,结果准确可靠,试剂贮存时间长,自动化程度高等优点。

2. 全自动化学发光酶免疫分析仪　采用微粒子酶促化学发光技术对标本中的微量物质以及药物浓度进行定量测定,具有高度特异性、敏感性和稳定性等特点。

3. 全自动电化学发光免疫分析仪　电化学发光免疫分析是一种在电极表面由电化学引发的特异性化学发光反应。具有检测项目广、灵敏度高,线性范围宽,反应时间短等优点。

 知识链接

磁性微粒（MMS）是20世纪80年代初,用高分子材料和金属离子为原料,聚合而成的一种以金属离子为核心,外层均匀地包裹高分子聚合体的固相微粒。在液相中,受外加磁场的吸引作用,MMS可快速沉降而自行分离,无须进行离心沉淀。因此,将MMS应用于免疫检测,可使操作过程大为简化。经过特异性抗体包被制成免疫MMS,与检样中的抗原结合形成免疫MMS-靶分子（或靶细胞）复合体,通过外加磁场的作用即可与其他成分分离开来。再以适当方式使复合体解离,在磁场吸引下除去游离的免疫MMS,即可获得纯化的靶分子或细胞。

二、化学发光免疫分析仪工作原理

化学发光是指在常温下,某些特定的化学反应产生的能量使其产物或反应中间态分子激发,形成激发态分子,当其衰退至基态时,释放出的化学能量以可见光形式发射的现象。发光免疫分析就是利用化学发光现象,将发光反应与免疫反应相结合而产生的一种

免疫分析方法,为经典的免疫标记方法之一。

（一）全自动直接化学发光免疫分析仪的工作原理

化学发光免疫分析技术又称微量倍增技术,包括竞争法及夹心法两种方法。竞争法多用于测定小分子抗原物质,用过量的预先包被在磁珠上的抗体与待测抗原以及定量的预先用吖啶酯包被过的抗原一起加入反应杯中温育。两种抗原与包被在磁珠上的抗体竞争结合,在通过电磁分离技术留下所有磁珠,同时也留下了所有的抗原抗体免疫复合物,然后加入氢氧化钠和过氧化氢溶液诱导吖啶酯发光,检测到的光强度与待测抗原浓度成反比。夹心法多用于测定大分子物质的抗原。吖啶酯标记的抗体、待测抗原与包被在磁微粒上的抗体一起加入反应杯中温育。生成包被抗体－测定抗原－标记抗体的双抗体夹心免疫复合物,通过电磁分离技术留下所有的磁珠,同时也留下了所有的抗原抗体复合物。反应体系中加入氢氧化钠和过氧化氢溶液诱导吖啶酯发光,检测到的光强度与待测抗原浓度成正比。全自动直接化学发光免疫分析仪的工作原理示意图见图7-3。

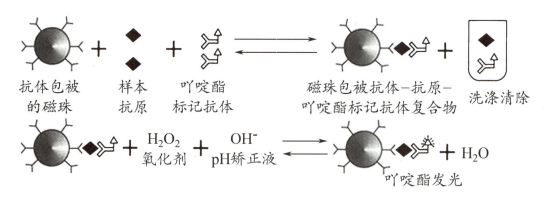

图7-3 吖啶酯标记的化学发光免疫分析反应原理

（二）全自动化学发光酶免疫分析仪的工作原理

应用经典的免疫学原理,采用单克隆抗体试剂,以磁性微粒作为固相载体,碱性磷酸酶为标志物,发光剂采用金刚烷。小分子物质采用竞争法或抗体捕获法进行测定,大分子物质采用夹心法进行测定。全自动化学发光酶免疫分析仪的工作原理示意图见图7-4。

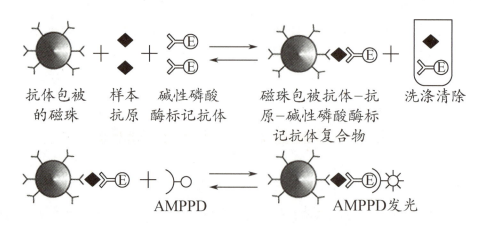

图7-4 碱性磷酸酶标记的微粒子化学发光免疫分析反应原理

（三）全自动电化学发光免疫分析仪的工作原理

磁性微粒为固相载体包被抗体（抗原），用三联吡啶钌标记抗体（抗原）。在反应体系内，待测标本与相应的抗原抗体发生免疫反应后形成磁性微粒包被抗体－待测抗原－三联吡啶钌标记的抗体复合物，将上述复合物吸入流动室，同时加入三丙胺缓冲液。当磁性微粒流经电极表面时，被安装在电极下面的电磁铁吸引，而未结合的标记抗体和标本被缓冲液冲走。同时，电极加压启动电化学发光反应，使三联吡啶钌和三丙胺在电极表面进行电子转移，产生电化学发光反应，光强度与待测抗原浓度成正比。全自动电化学发光免疫分析仪的工作原理示意图见图7-5。

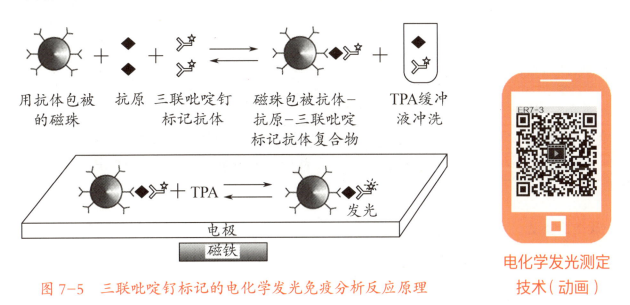

用抗体包被的磁珠　　抗原　　三联吡啶钌标记抗体　　磁珠包被抗体－抗原－三联吡啶标记抗体复合物　　TPA缓冲液冲洗

电极　　磁铁

发光

电化学发光测定技术（动画）

图7-5　三联吡啶钌标记的电化学发光免疫分析反应原理

三、化学发光免疫分析仪基本结构

化学发光免疫分析基本过程包括加样、加试剂、温育、清洗、加底物、加试剂、化学发光反应、测量、计算结果等步骤，所以化学发光免疫分析仪从功能作用上来分主要有各子系统构成，包括控制系统、取样系统、反应孵育系统、清洗系统、测量系统、试剂和消耗品系统等。

1. 控制系统　通常由软件系统和硬件系统组成。软件系统能控制仪器的运行，并提供能够使用户操作、管理及仪器运行的界面。硬件系统是外置计算机和嵌入仪器的计算机。硬件系统提供软件的运行环境和平台。

2. 取样系统　能够自动将样本和试剂定量加入反应管内。大型仪器的取样系统还包括样品架的缓冲区，可以一次性容纳较多数量的样品，以供仪器连续取样。

3. 反应孵育系统　提供合适的温育温度，以便进行免疫反应。

4. 清洗系统　化学发光免疫分析作为一种固相免疫反应，无论使用何种固相载体，均需要通过清洗步骤以去除化学发光反应中不需要的游离相。

5. 测量系统　化学发光反应产生的光信号,通过光电倍增管进行测量。化学发光反应产生的光子照到光电倍增管产生光电效应,其表面可以产生能量微弱的游离电子,称为光电子。经光电倍增管放大,最后形成电脉冲信号。信号经过放大、降噪,最后换算成对应的浓度值。

6. 试剂和消耗品系统　主要用于保存试剂和消耗品,并维持合适的温度环境。

四、化学发光免疫分析仪性能评价

目前应用于临床检验发光免疫分析仪有很多种类,具有检测速度快、精度好、重复性高、条码识别系统、24h 待机、系统稳定等特点。三种常见全自动发光免疫分析仪一些性能指标比较见表 7-3。

表 7-3　三种化学发光免疫分析仪性能比较

项目	全自动化学发光免疫分析仪	全自动化学发光酶免疫分析仪	全自动电化学发光免疫分析仪
测定速度	60~180 个 /h	＞ 100 个 /h	＞ 80 个 /h
最小检查量	10^{-15}g/ml	$\geq^{-15}$g/ml	$\geq^{-15}$g/ml
重复性	CV≤3%	CV≤3%	CV≤3%
样品盘	60 个标本	60 个标本	75 或 30 个标本
试剂盘	13 种试剂	24 种试剂	18 或 25 种试剂
急诊标本	均可随到随做,无须中断运行		

五、化学发光免疫分析仪使用、维护与常见故障处理

(一)化学发光免疫分析仪使用

发光免疫分析仪的使用频率比较高,操作方法也比较简单。不同的仪器操作方法会略有区别,一般包括几个关键步骤,操作流程见表 7-4。

表 7-4　化学发光免疫分析仪简单操作流程

操作步骤	操作方法
开机	接通电源,打开仪器,等待仪器自检完成
工作前准备	打开分析软件,设置测量参数,放置耗材,并按要求进行质控、定标等
样品装载	将处理好的样本放入标本架,输入标本号以及检测项目

操作步骤	操作方法
样品测定	检查无误后,按"开始"键,仪器对样品开始测试
结果查询传送	测定结束后,保存测定结果并打印
关机	卸载标本,清理废弃物,清洗管路后关闭仪器或让仪器处于待机状态

（二）化学发光免疫分析仪维护

全自动化学发光免疫分析仪的维护包括以下几个方面：

1. 日保养　检查系统温度状态、液路部分、耗材部分、打印纸、废液罐、缓冲液等是否全部符合要求,之后再按保养程序进入清洗系统进行探针的清洗。并保持机器外壳干净。

2. 周保养　检查主探针上导轨,然后按要求在主菜单下进入保养程序进行特殊清洗,清洗完毕后用无水乙醇拭子清洁主探针上部,然后检查废液罐过滤器;检查孵育带上的感应点并用无纤维拭子擦干净。每周保养后一定要做系统检测,确保系统检测数据在控制范围内。

3. 月保养　刷洗主探针、标本采样针、试剂针的内部,以清除污物;探针外部用乙醇擦拭干净。

化学发光分析仪
的操作及维护
（视频）

（三）化学发光免疫分析仪常见故障处理

全自动化学发光分析仪一般都具备很好的自我诊断功能,一旦有故障发生时,仪器一般能自动检测到,显示错误信息并伴有报警声。常见故障主要有以下几个方面：

1. 压力表指示为零　首先检查废液瓶所接的真空管,判断该故障是否因漏气或压力表损坏引起。检查各管道的接口,有无漏气,对有问题的管道要及时修复或者更换。

2. 真空压力不足　进行真空压力测试,若测试结果正常,是因真空传感器检测不到真空压力引起。对有问题的传感器进行调整或清洗,再次测试真空压力,压力正常后调节传感器螺丝使高、低压力指示在规定范围内。

3. 发光体错误　检查发光体表面,有无液体渗出。检查废液探针、相关管路及清洗池是否有堵塞、漏液;检查电磁阀是否因污物引起进水或排水不畅;检查与废液探针管路相连接的碱泵清洗管路是否有漏气以及碱泵是否有裂缝。

4. 轨道错误　该故障因反应皿在轨道中错位而使轨道无法运行引起,只要取出错位的反应皿,故障即可排除。

第三节　免疫浊度分析仪

免疫浊度分析技术是由经典的免疫沉淀反应发展而来,可对各种液体介质中的微量抗原、抗体、药物及其他小分子半抗原物质进行检测。

一、免疫浊度分析技术分类

免疫浊度技术分为透射光免疫浊度法和散射光免疫浊度法。

1. 透射免疫比浊法　颗粒阻挡而被吸收,吸收光强度与发射光波长和抗原抗体复合物颗粒大小和多少密切相关。透射免疫比浊法分为免疫透射浊度测定法和免疫胶乳浊度测定法。

2. 散射免疫比浊法　一定波长的光沿水平轴照射,通过溶液遇到抗原抗体复合物粒子,光线被粒子颗粒折射,发生偏转,光线偏转的角度与发射光的波长和抗原抗体复合物颗粒大小和多少密切相关。散射免疫浊度法可分为终点散射比浊法、速率散射比浊法、定时散射比浊法和胶乳增强免疫浊法终点法四种。

二、免疫浊度分析仪工作原理

免疫浊度分析是将液相内沉淀试验与现代光学仪器及自动分析技术相结合的一种实验分析技术。当可溶性抗原、抗体在液相中特异性结合,在两者比例合适并有一定浓度的电解质存在时,可以形成不溶性的免疫复合物,使反应液出现浊度,形成光的折射或吸收。测定这种折射和吸收后的透射光或散射光并分析,可通过浊度推算出复合物、抗原或抗体的量(图7-6)。

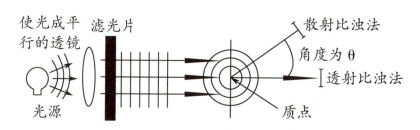

图7-6　透射比浊法和散射比浊法原理示意图

三、免疫浊度分析仪基本结构

免疫浊度分析仪器种类很多,结构各异,但基本都包括样本管理系统、试剂管理系统、加样系统、反应装置和混匀系统、恒温孵育系统、检测系统、清洗系统、计算机软件系统及辅助装置等(表7-5)。

表7-5　免疫浊度分析仪基本结构

结构	组成及用途
样本管理系统	由样本承载装置、传动装置、定位装置及指令控制电路组成。负责样本的移动与定位,为准确取样提供保障
试剂管理系统	由试剂盘、试剂瓶、传动装置、控制电路等组成。负责仪器内试剂的保存与定位,为仪器准确吸取试剂及确保试剂在有效期内使用提供保障
加样系统	由样品针、试剂针、加样臂、加样管路、高精度步进马达及指令控制电路组成。负责将样本与试剂准确加至反应体系中
反应装置和混匀系统	由反应杯与相关组件组成。是样品与试剂进行免疫反应的场所
恒温孵育系统	由加热器、温度感应器及温控电路等组成。保障反应体系温度均匀稳定
检测系统	由光源、透镜和检测器组成。是分析仪最为核心的部件,它的稳定性与仪器性能密切相关
清洗系统	由真空泵、清洗管道、清洗机构及废液桶等组成。通过清洗消除交叉污染,保障仪器结果准确及持续正常运转
计算机软件系统	负责控制仪器运行、处理多种数据、下达用户指令、监控仪器运行状态、记录检测结果并保存检测过程信息等
辅助装置	包括稳压不间断电源、打印机、LIS系统工作电脑等

四、免疫浊度分析仪性能评价

常用评价指标主要有精密度、正确度、线性范围、测定速度等几个方面。

1. 精密度　分批内精密度和批间精密度。采用两种不同浓度的物质进行3次批内、批间测试,每次测定重复10次,求出其平均变异系数。

2. 正确度　采用仪器配套的定值质控血清,重复测定20次,评价仪器测定的正确度。

3. 线性范围　精确配制5~8个系列浓度的定值参比血清,平行测定8次,进行统计学分析并评价其线性范围。

4. 测定速度　检测项目的不同,测定速度也不同。

5. 检测标本类型　可检测的标本类型多样,如血清、尿液、脑脊液等各种体液标本。

五、免疫浊度分析仪使用、维护与常见故障处理

（一）免疫浊度分析仪的使用

免疫浊度分析仪类型不同，具体的使用方法也不同，其基本操作流程大致分为六个步骤（表7-6）。

表7-6 免疫浊度分析仪简单操作流程

操作步骤	操作方法
开机	接通电源，打开仪器，等待仪器完成自检后处于待机状态
工作前准备	打开分析软件，设置测量参数，放置试剂，并按要求进行质控、定标等
样品装载	将处理好的样本放入标本架，输入标本号以及检测项目
样品测定	检查无误后，按"开始"键，仪器开始测试
结果查询传送	测定结束后，保存测定结果并打印
关机	卸载标本，清理废弃物，清洗仪器后关闭仪器

免疫比浊分析仪
的使用（视频）

（二）免疫浊度分析仪维护

良好的保养可以延长机器的使用寿命并减少故障的发生，因此检验工作者应严格按照操作手册定期对仪器进行保养。

1. 日保养 每次开机之前应先检查仪器试剂的体积，废液桶中的废液是否已经装满，并及时处理，并对所有光路系统进行光路校正。做完试验需要关机时，要冲洗所有管道，以防止血液中的蛋白成分等在管道末端析出沉积而造成管道阻塞。

2. 周保养 每周更换流动比色杯和小磁棒，并清洁探针外部。要避免管道长期受压后出现阻塞现象。

3. 每2个月一次的保养 要更换注射器插杆顶端，以保证注射器的密封性；清洗空气过滤网；疏通标本探针和抗体探针。

4. 每6个月一次的保养 更换钳制阀上管道和泵周管道；给机械传动部分的螺丝上润滑油。

（三）免疫浊度分析仪常见故障处理

1. 机械传动问题 可能原因有：样本／试剂针的机械传动部分润滑不良或有物体阻挡，需对机械传动部分进行清洁；电机下部光电耦合传感器及嵌于电机转子上的遮光片配合不合理或控制电路板上信号连接线插头与插座之间接触不好，需检查传感器与遮光片，使其配合合理，并连接好插头与插座。

2. 流动池液体外流故障 废液瓶内废液已盛满，需要倾倒；蠕动泵管老化，应更换新

的备件;管路有堵塞,需用注射器打气加压使其导通,再进行冲洗。

3. 工作中突然死机　可能是因仪器 CPU 或内存电路板损坏而造成,需更换新的电路板。

4. 中文信息处理系统无检测信号　首先应检查信号传输线插头是否脱落或接触不良;其次检查主机设置情况是否得当;然后再考虑中文信息处理系统故障;按要求对其进行检修。

第四节　放射免疫分析仪

放射免疫分析是将放射性核素分析的高灵敏度与抗原抗体反应的高特异性结合在一起,常用于定量测定受检样本中的微量物质。由于实验过程存在接触放射性物质、试剂盒保存时间短以及测定完成后如何妥善处置放射性材料等问题,再加上近年来其他标记免疫分析技术的诞生,放射免疫分析技术在临床检验中应用越来越少。

一、放射免疫分析仪分类与特点

放射免疫分析中经抗原抗体反应后,将结合态标记抗原(B),游离态标记抗原(F)分离后通过检测放射性量来反映待测物含量。依据检测射线种类不同可将放射免疫测定仪分为两类,即液体闪烁计数仪(主要用于检测 β 射线,如 ^3H、^{32}P、^{14}C 等)和晶体闪烁计数仪(主要用于检测 γ 射线,如 ^{125}I、^{131}I、^{57}Cr 等)。

放射免疫分析最初建立的方法模式是以核素标记的抗原与受检标本中抗原竞争的测定模式称为放射免疫分析(RIA);改进后用核素标记的抗体直接与受检抗原反应并用固相免疫吸附试剂分离游离和结合的标记抗体,称为免疫放射分析(IRMA)。

二、放射免疫分析仪工作原理

不管是液体闪烁计数仪还是晶体闪烁计数仪,其基本原理是依据射线与物质相互作用产生荧光效应。首先是闪烁溶剂分子吸收射线能量成为激发态,再回到基态时将能量传递给闪烁体分子,闪烁体分子由激发态回到基态时,发出荧光光子。荧光光子被光电倍增管接收转换为光电子,再经倍增,在 PM 阳极获得大量电子,形成脉冲信号,输入后读取分析电路形成数据信号,最后由计算机数据处理,求出待测抗原含量。

三、放射免疫分析仪基本结构

(一)液体闪烁计数仪基本结构

1. 基本电子线路　液体闪烁计数器的电路主要由相加电路、线性门电路及多道脉冲幅度分析器等组成。

2. 自动换样器　自动换样器可节省时间,还可使样品有足够的暗适应和温度平衡时间。样品传送机一般使用继电器控制的传送带、升降机、轮盘等。测量位置通道口设有快门、迷宫和转轮等是为了做到可靠的光密封。

3. 计算机操作系统　多数仪器都可用计算机进行工作条件选定、各种参数的校正、读取数据等操作。

（二）晶体闪烁计数仪基本结构

1. 闪烁体　闪烁体是将和辐射能激发分子转化成可探测闪光的荧光物质。常用闪烁体有有机闪烁体、无机闪烁体和特殊闪烁体等。

2. 光电倍增管　光电倍增管的作用是有选择性地将闪烁体发出的极弱闪烁光的一部分转化为电信号。光电倍增管的基本结构主要包括光电转换、电子倍增和电子收集装置三个部件。

3. 多道脉冲分析器　多道分析器是进行能谱分析的重要仪器,现代多道分析器与通用微型计算机有许多共同特性,是现代核探测分析及放射显影装置的重要组成部分。

四、放射免疫分析仪性能特点

常用评价指标主要有精密度、正确度、线性范围、测定速度等几个方面。

1. 精密度　分批内精密度和批间精密度。至少采用两种不同浓度的标准品进行批内、批间测试,重复测量 20 次后用卡方检验分析测试数据,判断仪器的精密度。

2. 重复性　复管数最高可设置四个,提高检测准确度。

3. 稳定度　用 8h 稳定性来检测稳定度,一般探测效率的附加误差不大于 3%。

4. 测定速度　由仪器检测探头数量决定。

5. 检测标本类型　可检测标本类型多样,如血清、尿液、脑脊液等各种体液标本,也可用于药物、水质、食品等标本的检测。

五、放射免疫分析仪使用、维护与常见故障处理

（一）放射免疫分析仪使用

液体闪烁计数仪和晶体闪烁计数仪是放射免疫分析的两个基本工具,以液体闪烁计数仪为例,简要介绍放射免疫测定仪的操作流程。液体闪烁测量是在闪烁杯内进行的,液体闪烁计数器的使用主要包括以下几个方面:

1. 样品－闪烁液反应体系建立　样品和闪烁液按一定比例装入测量瓶,向光电倍增管提供光信号。

2. 碎灭　样品、氧气、水及色素物质等加入闪烁体中,会使闪烁体的荧光效率降低,

出现荧光光谱改变,从而使整个测量装置的测量效率降低的过程称为碎灭。为减小碎灭,可在闪烁液中通氮气等驱氧;将样品 pH 调至 7 左右,避免酸的碎灭作用;对卟啉、血红蛋白等着色样品进行脱色处理等。

3. 计数效率测定　液体闪烁计数器通常用于放射性的相对测量,即通过样品计数率与标准样品计数率的比较来测定样品。

（二）放射免疫分析仪维护

良好的保养可以延长机器的使用寿命并减少故障的发生,因此检验工作者应严格按照操作手册定期对仪器进行保养。

1. 放置仪器的环境要保持清洁、干燥,空气要流通。

2. 由于电源和仪器放大倍数会产生漂移,从而使闪烁计数仪的工作点产生漂移,因此,闪烁计数仪的工作段应在坪区,保证计数结果的稳定。

3. 在日常维修或保养时如需拆开机器拔插机内电路板时,一定要关掉主机电源,避免由于电流冲击而使集成电路元件受到损坏。

（三）放射免疫分析仪常见故障处理

1. 开机后仪器未能初始化。原因:①移动仪器后未能正确连接;②未使升降杆回到下端;③传感器工作状态不稳定;④组合电路板出现损坏。处理措施:①查看所有插头、插座连接是否正确;②清理升降杆,使其可以回到下端;③查看传感器确定是否是光敏管或发光管以及和它的电路相关的问题;④重新换一块电路板。

2. 测量时无计数。原因:①高压指示灯不亮,探头无高压;②探头无输出信号;③计数电路故障。处理方法:①高压发生器故障,更换新件;②探头坏,查探头光电倍增管及相关电路;③更换单道放大板。

3. 本底增高,效率降低,计数重复性差。原因:① NaI 晶体变质;②高压漂移不稳;③甄别阈、道宽失调。处理方法:①如发现 NaI 晶体发黄,则已变质需更换;②测量高压发生器输出电压,如已发生漂移不稳则表示已损坏,需更换;③重新调整甄别阈、道宽。

4. 计数激增。原因:①高压电源失控;②探头前置放大器坏;③放大板坏。处理方法:①更换高压电源;②更换前置放大器;③更换放大板。

5. 仪器工作时某一传动装置不动作。原因:①对应的传感器及相关电路故障;②对应的马达或驱动电路故障;③机械传动系统故障。处理方法:①更换对应的传感器和排除相关电路故障;②更换马达或驱动板;③检查马达轴盘紧固螺丝是否松动,如松动,拧紧即可。

放射免疫分析仪在使用过程中会用到放射性核素,放射性核素会造成工作人员及环境形成影响,需要做好工作人员安全防护及放射性废弃物处理。首先,工作人员在上岗前一定要进行专业培训,考核合格后方可上岗。工作时一定要做好安全防护:操作人员应配备工作服、工作鞋、手套、口罩、防护眼镜（操作 β 放射性物质时应佩戴有机玻璃或透明塑料眼镜,操作 γ 放射性物质时应佩戴铅玻璃眼镜)等个人防护用品;工作中应尽量缩短辐照时间并增加与放射源距离;在操作中应增加防护 γ 射线防护性屏蔽;建立放射性工作人员健康档案,安排适当休假等。其次放射性废物要按要求做好处理。放射性废物大致分为气体污染物、固体污染物和液体污染物三类。气体污染物(即挥发性核素)在开瓶、蒸发和标记药物时,均需要在通风柜内进行,通风柜排气口应有过滤装置,使之净化后排入高空,利用大气将其稀释。固体和液体污染物,必须严格收集后放入设有辐射防护的专用铅污物桶中,并注明放射性核素种类、日期、活度以及最后衰变时间,衰变到规定时间经监测合格后,按医院一般医疗废物进行处理,并做好详细记录。

本章小结

　　临床免疫分析仪是利用抗原抗体反应的特异性与光学检测技术的灵敏性相结合的临床检测仪器。酶免疫分析仪的本质就是一台特殊光电比色计或分光光度计,利用了抗原抗体反应后与标记酶催化底物后发生的吸光度变化来判定检测物的量。酶免疫分析仪是精密的光学仪器,为保证酶免疫分析仪检测结果的准确性和可靠性,应对酶免疫析仪的性能定期进行维护;发光免疫技术是将发光系统与免疫反应相结合,以检测抗原或抗体的方法。具有检测速度快、精度好、重复性高、使用方法简单等优点,在使用的过程中要注意维护和保养;免疫浊度分析仪现代光学仪器与自动分析检测系统相结合应用于免疫沉淀反应,可对各种液体介质中的微量抗原、抗体、药物及其他小分子半抗原物质进行定量测定的仪器,分为透射比浊法和散射比浊法;放射免疫技术是将放射性核素分析的高灵敏度与抗原抗体反应的高特异性相结合。以放射性核素为标志物是最早应用的标记免疫分析技术。免疫检测分析仪有着灵敏度高、特异性强、检测速度快等优势,使其在疾病诊断、疾病预防、治疗监测及科学研究等各个领域都有着不可替代的作用。

(王　婷)

 思考与练习

一、名词解释

1. 酶免疫分析技术
2. 均相酶免疫分析法
3. 非均相酶免疫分析法
4. 发光免疫分析技术
5. 免疫浊度检测

思维导图

二、简答题

1. 简述酶免疫分析技术的分类。
2. 简述酶标仪的基本工作原理。
3. 简述化学发光免疫分析的原理。
4. 简述电化学发光免疫分析的原理。
5. 简述免疫浊度测定的基本原理和基本分类。
6. 散射免疫比浊法的基本原理是什么?

第八章 | 微生物检验相关仪器

08章 数字资源

学习目标

知识目标：

1. 掌握生物安全柜、恒温培养箱、二氧化碳培养箱、厌氧培养箱的基本结构、功能、使用和维护，自动血液培养仪、微生物鉴定和药敏分析系统的使用、维护保养。

2. 熟悉生物安全柜、恒温培养箱、二氧化碳培养箱、厌氧培养箱的工作原理、常见故障处理，自动血液培养仪、微生物鉴定和药敏分析系统的工作原理、基本结构、功能。

3. 了解自动血液培养仪、微生物鉴定和药敏分析系统的性能评价。

能力目标：

1. 学会生物安全柜、恒温培养箱、自动血液培养仪、自动微生物鉴定和药敏分析系统的使用。

2. 知晓生物安全柜、恒温培养箱、自动血液培养仪、自动微生物鉴定和药敏分析系统的日常维护和保养。

素质目标：

具备利用所学知识解决生物安全柜、恒温培养箱、自动血液培养仪、自动微生物鉴定和药敏分析系统在临床实际运用过程中的常见问题。

第一节　生物安全柜

一、生物安全柜概述

生物安全柜是最常用的空气净化设备之一，是一种为了保护操作人员、实验室环境及工作材料的安全，把在处理含病原体样本时产生的污染气溶胶隔离在操作区域内的防御装置。它能将操作区域内已被污染的空气通过专门过滤通道人为地控制排放，是一种微生物实验和生产的专用安全设备。生物安全柜须按照严格的国际或国家标准来生产，已广泛应用于生物实验室、医疗卫生、生物制药等相关行业，对改善工艺条件，保护操作者的身体健康和环境均有良好效果。生物安全柜外观图见图 8-1。

图 8-1　生物安全柜外观图

二、生物安全柜工作原理与分类

1. 生物安全柜工作原理　生物安全柜是一种垂直单向流型局部空气净化设备，其工作原理主要是将柜内空气向外抽吸，使柜内保持负压状态，通过垂直洁净气流来保护工作人员；外界空气经高效空气过滤器过滤后进入安全柜内，以避免处理样品被污染；柜内空气也需经过高效空气过滤器过滤后再排放到大气中，以保证周围环境安全。生物安全柜气流过滤如图 8-2 所示。

2. 生物安全柜分类　依据中华人民共和国医药行业标准 YY 0569-2011 II 级生物安全柜规程（2013 年 6 月 1 日实施），根据气流及隔离屏障设计结构，将生物安全柜分为 I、II、III 级三大类。

（1）I 级生物安全柜：是用于保护操作人员与环境安全，而不保护样品安全的通风式安全柜。操作者通过前窗操作口在安全柜内进行操作。从前窗操作口向内吸入的负压气流，保护操作人员安全，而安全柜内排出的气流经高效空气过滤器过滤后排出，保护环境不受污染。由于不考虑被处理样品是否会被进入柜内的空气污染，所以对进入安全柜的空气洁净度要求不高。I 级生物安全柜目前已较少使用。

（2）II 级生物安全柜：是用于保护操作人员、环境以及样品安全的通风式安全柜。在临床生物安全防护中应用最广泛。操作者可以通过前窗操作口在安全柜里进行操作，自前窗操作口向内吸入的负压气流保护了操作人员安全；经高效空气过滤器净化的垂直下

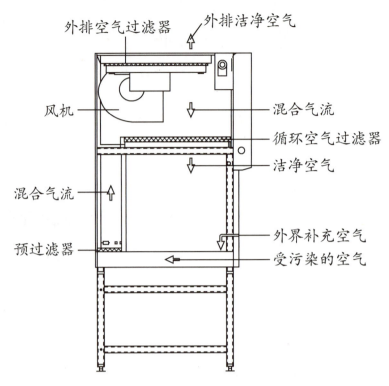

图 8-2 生物安全柜气流过滤示意图

降气流用以保护柜内实验品安全；安全柜内的气流经高效空气过滤后排出安全柜，以保护环境不受污染。Ⅱ级生物安全柜按排放气流占系统总流量的比例及内部设计结构，将其划分为 A1、A2、B1、B2 四个类型，各型特点如下：

A1 型：前窗操作口流入气流的最低平均流速为 0.40m/s，柜内工作区 70% 气体通过高效空气过滤器过滤后再循环至工作区，另 30% 气体通过排气口高效空气过滤器排出。A1 型安全柜不能用于有挥发性有毒化学品和挥发性放射性核素实验。

A2 型：前窗操作口流入气流的最小平均流速为 0.50m/s，柜内工作区 70% 气体通过高效空气过滤器过滤后再循环至工作区，另 30% 气体通过排气口的高效空气过滤器排出。A2 型安全柜用于进行以微量挥发性有毒化学品和痕量放射性核素为辅助剂的微生物实验时，必须连接合适的排气罩。

B1 型：前窗操作口流入气流的最低流速为 0.50m/s，离开工作区的气体 30% 通过高效空气过滤器过滤后再循环至工作区，70% 气体经排气口高效空气过滤器过滤后排出。B1 型安全柜可以用于以微量挥发性有毒化学品和痕量放射性核素为辅助剂的微生物实验。

B2 型（亦称"全排"型）：前窗操作口流入气流的最低流速为 0.5m/s，柜内下降气流全部来自经过高效空气过滤器过滤后的实验室或室外空气（即安全柜排出的气体不再循环使用）；安全柜内的气流经高效空气过滤器过滤后通过管道排入大气，不允许再进入安全柜循环或反流回实验室。B2 型安全柜可以用于以微量挥发性有毒化学品和放射性核素为辅助剂的微生物实验。

（3）Ⅲ级生物安全柜：是完全密闭、不漏气结构的通风柜。操作人员通过与安全柜密闭连接的橡皮手套在安全柜内进行操作。下降气流经高效空气过滤器过滤后进入安全柜以保护安全柜内实验物品,而排出的气流须经过两道高效空气过滤器过滤或通过一道高效空气过滤器过滤后加焚烧来进行处理用于保护环境。

 知识链接

生物安全柜与超净工作台的区别

生物安全柜是一种负压净化工作台,是为操作原代培养物、菌毒株以及诊断性标本等具有感染性实验材料时,用来保护工作人员、实验室环境以及实验品安全,使其避免暴露于上述操作过程中可能产生的感染性气溶胶和溅出物而设计。而超净工作台只是保护试验品而不保护工作人员和实验室环境的洁净工作台。

三、生物安全柜基本结构与功能

1. 生物安全柜基本结构　各类型及各厂家生产的生物安全柜虽有差别,但一般均由箱体和支架两部分组成,下面以Ⅱ级安全柜为例进行介绍。

生物安全柜箱体部分内部结构主要有前玻璃门、风机、门电机、进风预过滤罩、循环空气过滤器、外排空气预过滤器、照明源、紫外光源及控制、显示和自检报警系统等组成见图8-3。

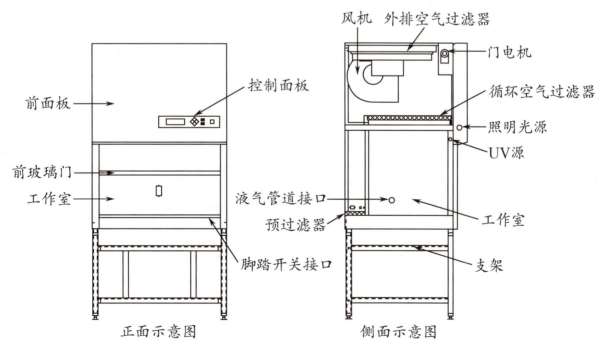

图8-3　生物安全柜基本结构示意图

2. 生物安全柜主要结构的功能

（1）前玻璃门：操作时安全柜正面玻璃门上移一半，上部为观察窗，下部为操作口。操作者手臂可通过操作口伸到柜子里，并且通过观察窗观察工作台面。

（2）空气过滤系统：是保证本设备性能的最主要系统。由进气口预过滤罩、进气风机、风道、排气预过滤器、净化空气过滤器、外排空气预过滤器组成。空气过滤系统的主要功能是保证洁净空气不断地进入工作区域，使工作区域的垂直气流保持一定流速（一般≥0.3m/s），保证工作室内洁净度达到100级。同时使外排气体也被净化，防止污染环境。

（3）外排风箱系统：主要由外排气箱壳体、风机和排气管道组成。外排风机为排气提供动力，可将工作室内因操作所致不洁净气体抽出，并由外排过滤器净化，起保护环境安全的作用；由于工作区域为负压，使玻璃门处向内补给空气平均风速达到一定程度（一般≥0.5m/s），防止安全柜内空气外溢，起到保护操作者的目的。

（4）前玻璃门驱动系统：由门电机、前玻璃门、牵引机构、传动轴和限位开关等组成。

（5）紫外光源：固定在靠近前玻璃门顶端，装有紫外灯管，用于消毒。

（6）照明光源：固定在靠近前玻璃门顶端，邻近紫外灯管，通常装有白色荧光管，用于工作区域照明。

（7）控制、显示和自检报警系统：控制系统主要有电源开关，紫外灯、照明灯开关，风机开关，控制前玻璃门上下移动开关；显示系统主要以液晶显示屏显示机器有关功能设定和系统工作状况等；自检报警系统能够对机器的工作状态进行自我检测，出现异常时以声光或文字方式及时提醒工作人员。

四、生物安全柜使用、日常维护与常见故障处理

（一）生物安全柜使用

1. 实验操作前一次性把所需物品全部移入安全柜里，不可过载，且在移入前用75%乙醇溶液擦拭物品表面，以消除可能的污染。

2. 打开风机，待10min后柜内空气净化且气流稳定后再进行实验操作。操作者缓缓将双臂伸入安全柜内，至少静止1min，使柜内气流稳定后再进行操作。

3. 生物安全柜内不放与本次实验无关的物品。柜内物品应尽量靠后放置，不得挡住气道口，以免干扰气流正常流动。物品摆放应做到清洁区、半污染区与污染区基本分开，操作过程中物品取用方便，且三区之间无交叉。

4. 对有污染的物品要尽可能放到工作区域后面操作；在操作期间，避免移动材料，避免操作者手臂在前方开口处移动。

5. 不要使用明火，可使用红外线接种环灭菌器等；器具的使用不得干扰安全柜内气流，不得影响作业安全性。生物安全柜内可使用的无明火灭菌器图片见图8-4。

6. 操作时应避免交叉污染。为防止可能溅出的液滴污染，应准备好75%乙醇棉球或

用消毒剂浸泡的小块纱布,避免用物品覆盖住安全柜的格栅。

7. 在操作过程中,如果有物质溢出或液体溅出,在将物品移出安全柜前,一定要对其表面进行消毒,为防止安全柜内有任何残留污染物,操作结束后对安全柜内表面全部消毒。

8. 在实验操作时,不可完全打开玻璃视窗,应保证操作人员面部在工作窗口之上。在柜内操作时动作应轻柔、舒缓,防止影响柜内气流。

9. 工作完成后,关闭玻璃窗,保持风机继续运转10~15min,同时打开紫外灯,照射 30min。

10. 安全柜应定期进行检测与保养,以保证其正常工作。工作中一旦发现安全柜工作异常,应立即停止工作,采取相应处理措施,并通知相关人员。

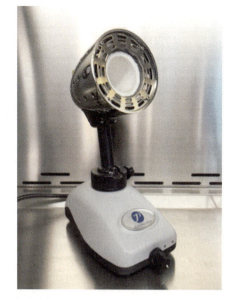

图 8-4　生物安全柜内可使用的无明火灭菌器

（二）生物安全柜日常维护

1. 每次实验结束后必须对安全柜工作室进行清洗与消毒。

2. 定期进行前玻璃门及柜体外表的清洁工作。

3. 预过滤器使用 3~6 个月,应拆下清洗。一旦损坏,应及时更换。

4. 高效过滤器有一定的使用寿命,到期后应及时更换高效过滤器（一般使用 18 个月）。因高效过滤器上有污染物,其更换应由经专业训练的专业人员进行,且须注意安全保护。

5. 做好使用记录。

ER8-1

生物安全柜的使用（视频）

（三）生物安全柜常见故障处理

生物安全柜常见故障检查与排除方法见表 8-1。

表 8-1　生物安全柜常见故障检查与排除方法

故障现象	原因	解决方法
安全柜风机和所有灯都无法打开	电源没有接好	插好电源线
		检查安全柜顶部控制盒电源的连接
	电源空气开关跳闸	重置空气开关
风机不工作但灯亮	风机电源没有插好	检查风机电源线
	风机马达有故障	更换风机马达
	玻璃门完全关闭	打开玻璃门

故障现象	原因	解决方法
风机运转但灯不亮	灯电路断路器跳闸	重置空气开关
	灯安装不正确	重新装好灯管
	灯坏了	换灯
	灯接触不好	检查灯的连接线
压力读数稍有上升	高效过滤器超载	随着系统的不断工作,压力读数会稳定地增加
	回风孔或格栅被堵	检查所有的回风孔和格栅,保证它们均畅通
	排风出口被堵	检查所有的排风出口,保证它们均畅通
	在工作面上有堵或限流	检查工作面下面,保证畅通
安全柜内工作区被污染	不适当的技术或工作程序	参照厂家提供的操作手册的正确操作方法
	回风孔、格栅或排风口被堵	检查所有的回风孔和格栅及排风口,保证它们均畅通
	有某些外来因素干扰了安全柜的气流流动方式或成为污染源	查找原因,消除干扰
	安全柜需要调整,高效过滤器功能有所降低	对安全柜重新调整

第二节　培养箱

培养箱是培养微生物的主要设备,可用于微生物与细胞的培养繁殖。其原理是应用人工的方法,在培养箱内模拟造就微生物和细胞生长繁殖的人工环境,如控制一定的温度、湿度、pH、气体等。

一、培养箱类型

目前使用的培养箱有多种:直接电热式培养箱、隔水电热式培养箱、生化培养箱、二氧化碳培养箱和厌氧培养箱。每种类型都有其特点和独特功用,以用于不同的科研及教学领域。本节主要介绍电热恒温培养箱、二氧化碳培养箱和厌氧培养箱。

二、电热恒温培养箱

电热恒温培养箱有电热式和隔水式培养箱,两者基本结构相似,只是加热方式略有不同,后者温度变化幅度比前者小,在使用上有优势。

1. 电热恒温培养箱的工作原理　电热式和隔水式培养箱均采用电加热的方式以维持箱内所要求的温度值,电热式培养箱(也称气套式培养箱)采用的是用电热丝直接加热,利用空气对流,使箱内温度均匀;隔水式培养箱(也称水套式培养箱)采用电热管加热水的方式加温,由于有大量的水对温度变化的缓冲作用,此款恒温培养箱的温度变化幅度更小。

2. 电热恒温培养箱基本结构　常用隔水式培养箱外观为一箱体结构,外壳由优质钢板喷漆制成,内层为紫铜皮制的贮水夹层,夹层隔热材质用石棉或玻璃棉等绝热材料制成,以增强保温效果,培养箱顶部设有温度计,以温度控制器自动控制,使箱内温度恒定。前面有双层门,内门用钢化玻璃制成,无须打开就可以清晰观察箱内的培养物品。工作室内一般有 2~3 层用于承托培养物的不锈钢搁板,且可以方便移动及任意调整高度;工作室和钢化玻璃门之间装有硅胶密封圈;工作室外壁左、右及底部通过隔水套加热,工作室顶端装有一低噪声小风扇,以保证箱体内温度均匀,隔水套上端设有溢水口直通水箱底部,内有低水位检测报警装置。

培养箱上端有电源开关和电源指示灯、温度调控旋钮(或轻触式按键)及温度指示灯(或数字指示)等。目前生产的培养箱大多加入了微电脑智能控温仪,微电脑智能控温仪能按设定的温度进行精确的控制,并以精确的数字方式显示设定温度、工作室内温度,以及对上、下限温度和低水位进行跟踪报警。

常见隔水式培养箱微电脑智能控温电路示意图见图 8-5。

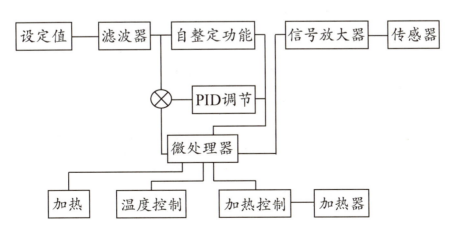

图 8-5　常见隔水式培养箱微电脑智能控温电路示意图

PID 调节:经典控制理论中控制系统的一种基本调节方式,
是具有比例、积分和微分作用的一种线性调节规律。

3. 电热恒温培养箱使用方法　在使用过程中,主要是隔水层加水和智能温度设定。

（1）隔水层加水:隔水式培养箱应注意先加水再通电,同时应经常检查水箱水位,及时补充消耗的水。

（2）温度设定:按照培养物所需温度设置温度参数。

（3）恒温培养箱:箱内培养物不宜放置过紧凑,以便于热空气对流,无论放入或取出物品应随手关门,以避免温度波动过大。

（4）电热式培养箱应在箱内放一个盛水的容器,以保持一定湿度。

（5）有些电热式培养箱有顶部风窗,在使用时应适当旋开,以利于调节箱内温度。

4. 电热恒温培养箱维护

（1）培养箱应由专人负责管理,操作盘上任何开关和调节旋钮一旦固定后,不要随意调节,以免影响箱内温度,同时降低机器的灵敏度。

（2）所加入隔水箱的水必须是蒸馏水或去离子水,防止矿物质储积在水箱内产生腐蚀作用。每年必须换一次水。经常检查箱内水是否足够。

（3）箱内应定期用消毒液擦洗消毒,搁板可取出清洗消毒,防止其他微生物污染,导致实验失败。箱外也要定期清洁。

（4）定期检查超温安全装置,以防失调。

5. 电热恒温培养箱常见故障处理　电热恒温培养箱的实验室使用率非常高,为保证实验仪器可靠工作,应了解并能排除仪器常见故障。电热恒温培养箱常见故障及排除方法见表8-2。

表8-2　电热恒温培养箱常见故障及排除方法

故障现象	原因	解决方法
无电源指示	插座无电源	更换插座
	插头未插好	重新插好插头
	熔断器开路	更换熔断器
箱内温度不上升	设定温度过低	重新调整设定温度
	电加热器损坏	换新的电加热器（确保风机正常时）
	控温仪出现故障	更换新的控温仪
	风机损坏	更换新风机
设定温度与箱内温度误差大或温度达到设定值后仍大幅上升	温度传感器坏	更换温度传感器
	过于频繁地开关箱门	尽量减少开关门次数
	物品放置过密	调整物品,使热空气在室内通畅
	控制参数偏差	修正控制参数

故障现象	原因	解决方法
超温报警异常	设置温度过低	调整设定温度
	控温仪出现故障	更换新的控温仪
漏水	箱体损坏	送厂家修理

注：以上必须由专业维修人员进行维修，建议个人不要随意拆卸箱体。

三、二氧化碳培养箱

二氧化碳培养箱是在普通培养的基础上加以改进，通过在培养箱箱体内模拟形成一个类似细胞/组织在生物体内的生长环境，如恒定的酸碱度（pH 7.2~7.4），稳定的温度（37℃），较高的相对湿度（95%），稳定的二氧化碳水平（5%），以对组织、细胞、细菌进行体外培养的一种装置。二氧化碳培养箱是实验室常规仪器之一，广泛应用于医学、免疫学、遗传学、微生物学、农业科学、药物学的研究和生产。

1. 二氧化碳培养箱的工作原理　二氧化碳培养箱的关键是控制箱体内二氧化碳浓度和湿度，温度调控与一般培养箱无太大的差别。二氧化碳培养箱控制二氧化碳浓度是通过二氧化碳浓度传感器协助来完成。二氧化碳传感器用来检测箱体内二氧化碳浓度，将检测结果传递给控制电路及电磁阀等控制器件，如果检测到箱内二氧化碳浓度偏低，则电磁阀打开，二氧化碳进入箱体内，直到二氧化碳浓度达到所设置浓度，此时电磁阀关闭，箱内二氧化碳被切断，达到稳定状态。二氧化碳采样器将箱内二氧化碳和空气混合后的气体取样到机器外部面板的采样口，以随时用二氧化碳浓度测定仪来检测二氧化碳的浓度是否达到要求。目前大多数二氧化碳培养箱是通过增湿盘的蒸发作用产生湿气的。

2. 二氧化碳培养箱基本结构　二氧化碳培养箱是在普通培养的基础上加以改进而来的，结构的核心部分主要是二氧化碳调节器、温度调节器和湿度调节装置。二氧化碳培养箱除了具有一般气套式和水套式的结构，如柜体、水套夹层、电加热管、温度传感器、温度控制器、控制电路板等零部件外，还增加了相对湿度控制器、湿度显示器、二氧化碳浓度传感器、二氧化碳气体电磁阀控制器、二氧化碳浓度显示器、防污染设计和消毒灭菌系统等。

3. 二氧化碳培养箱使用注意事项

（1）初次使用二氧化碳培养箱，一定要加入足够的去离子水或蒸馏水，盖好密封盖，以减少水分挥发。

（2）二氧化碳供气必须经二氧化碳专用减压阀减压后输出，调节二氧化碳时必须与气瓶减压器连用。气瓶减压器由双表组成，左表是低压表，右表是高压表，高压表连接螺杆。完成二氧化碳浓度调节后，待内室温度稳定后，该设备即可使用。

（3）关好培养箱门，以免气体外泄，影响实验效果。

（4）需湿度时将湿度盘中加入 2/3 水，放置在工作室底部，关上箱门。

（5）当培养箱停止工作时请按以下步骤进行：①关闭二氧化碳钢瓶开关及减压阀；②关闭气泵电源，气泵停止工作；③打开箱门，取出湿度盘，并用手顶住门开关使培养箱在开门情况下工作几分钟，以散去箱内水汽；④关门继续加温工作 10min 左右，关闭电源，清洁内部。

4. 二氧化碳培养箱仪器维护　正确使用和注意仪器保养，使其处于良好的工作状态，可延长仪器使用寿命，主要维护工作有：

（1）二氧化碳培养箱应由专人负责使用，操作盘上任何开关和调节旋钮固定后，勿随意调节，以免造成箱内温度、二氧化碳浓度、湿度的波动，同时会降低机器灵敏度。

（2）保持培养箱内空气干净，并定期消毒。

（3）制冷系统停止工作后，用软布擦净工作腔和玻璃观察窗。

（4）仪器在连续工作期间，每 3 个月应做一次定期检查；检查是否有水滴、污物等落入电机和外露的制冷元件上；清理压缩机、冷凝器上的灰尘和污物；检查保险丝、控制元件及紧固螺钉。

（5）经常注意箱内蒸馏水槽中蒸馏水量，以保持箱内相对湿度，同时避免培养液蒸发。

5. 二氧化碳培养箱常见故障处理　二氧化碳培养箱属于精密仪器，出现故障应由有资质的人员维修。

四、厌氧培养箱

厌氧培养箱亦称厌氧培养系统，是一种在无氧环境条件下进行细菌培养和操作的专用装置。适用于严格厌氧细菌培养与鉴定工作。厌氧培养箱通过培养箱前面附带的橡胶手套在箱内进行操作，使厌氧菌接种、培养及鉴定等工作都在无氧环境中进行，因而提高了厌氧菌阳性检出率，是目前国际上公认的厌氧菌培养的最佳设备。

1. 厌氧培养箱厌氧状态形成的工作原理　厌氧培养箱厌氧状态形成方式，有通过自动连续循环换气系统和催化除氧系统来保持箱内厌氧状态两种。

（1）自动连续循环换气系统：通过自动化控制的自动抽气、换气连续循环换气系统，使箱内 O_2 含量最大限度地减少，形成厌氧状态。当所需全部物品移入缓冲室后，关闭外门，启动控制面板上自动换气功能按钮，进行自动去除缓冲室中的氧气。循环换气预设三个气体排空阶段、两个氮气净化阶段和一个缓冲室平衡气压阶段。其换气过程是：①气体排空→②N_2 净化→③气体排空→④N_2 净化→⑤气体排空→⑥气压平衡。当厌氧状态灯显示为 ON，此时即可将内门打开，钯催化剂将除去余下的少量 O_2。

（2）催化除氧系统：箱内采用钯催化剂将剩余少量 O_2 除去，钯催化剂可催化乏氧混合气体内的微量氧气与氢气反应生成水，水由干燥剂所吸收。由催化剂片和干燥剂片分别密封于筛网中组成三层催化剂片。三层催化剂薄片插入气流循环系统中。

2. 厌氧培养箱基本结构　为密闭的大型金属箱，其内的操作室由手套操作箱和缓冲室（传递箱）两个部分组成，操作箱内还附有小型恒温培养箱。

（1）缓冲室：是一个传递舱，具有内外两个门。缓冲室出气管连着一个可间歇抽气的真空泵，进气管连着厌氧气体瓶（内有 85%N_2、10%H_2、5%CO_2 组成的混合气体）。缓冲室无氧环境的形成主要由仪器控制系统控制抽气换气来完成。

（2）手套操作箱：前面装有塑料手套，操作者双手经手套进入箱内操作，操作箱内气体环境与外界隔绝。操作箱内侧门与缓冲室相通，由操作者通过塑料手套控制开启。

（3）小型恒温培养箱：细菌培养室控制温度通常固定为 35℃，变化范围 4~70℃，可控制变化精度为 ±0.3℃。当温度超过可控温度时会自动发出报警。

3. 厌氧培养箱使用方法和注意事项　厌氧培养箱使用过程主要有 2 个步骤：操作室厌氧环境形成和细菌标本接种、培养与鉴定。

（1）操作室厌氧环境形成：将所有要转移的实验物品放入缓冲室后，关闭外门；启动控制面板上自动换气功能按钮即可进行自动去除缓冲室中的氧气。经自动循环进行的三个气体排空阶段和两个氮气净化阶段换气后，缓冲室气体可达 98% 乏氧状态，再经缓冲室气压平衡及操作箱与缓冲室平衡，待厌氧状态灯显示为"ON"时即可将内门打开，含钯催化剂的三层催化剂薄片将除去余下的少量 O_2。

（2）细菌标本接种与鉴定：操作者经手套伸入箱内进行标本接种、培养和鉴定等全部工作。

三层催化剂片第一层为活性炭层，使用寿命仅为 3 个月，不可重复使用；第二层为钯催化剂片，使用寿命为 2 年，每个星期需再生 1 次（方法是将其置于 160℃标准反应炉中烘烤 2h）；第三层为干燥剂片，使用寿命 2 年，每星期需再生 2 次（方法是将其置于 160℃标准反应炉中烘烤 2h）。

4. 厌氧培养箱仪器维护

（1）仪器尽可能安装在空气清洁，温度变化较小的地方。

（2）开机前应全面熟悉机器组成及配套仪器、仪表等情况，掌握正确使用方法。

（3）如发生故障（停气等原因）培养操作室内仍可保持 12h 厌氧状态，超过 12h 则需要把培养物取出另作处理。

（4）经常注意气路有无漏气现象。

（5）当气瓶气体用尽，总输出压力小于 0.1MPa 时，应尽快调换气瓶，调换气瓶时注意要扎紧气管，避免管内流入含氧气体。

（6）在初设气体置换或培养结束释放混合气体时，应打开实验室门窗或通风设备，以加速空气流通。减少人体因释放气体吸入超标而引起不适。

（7）真空泵按要求使用,定期检查加油。

（8）停止使用,关闭总电源键,及设备后部电源开关。

5. 厌氧培养箱常见故障处理　如遇整机无电,可检查电源插入端有无正常电源供电,如有可拔下插头,检查熔断器是否熔断。如属熔断器熔断需由电工或有电器知识人员调换或检修。其他故障须及时咨询相关专业维修人员或生产厂家,请勿自行调换,以免可能发生意外和造成不必要的损失。

第三节　自动血液培养仪

血液培养检查的快速性和准确性对由微生物感染引起疾病的诊断与治疗具有极其重要的意义。近年来,科学技术进步和微生物学发展,许多智能型自动血液培养仪,已能克服传统上血液培养需每天观察培养瓶变化并进行盲目转种的既费时、费力又阳性率不高的困难。目前临床上广泛使用的已是第三代血液培养系统,即连续监测血液培养系统。

一、自动血液培养仪工作原理

细菌在生长繁殖过程中,分解糖类产生二氧化碳,可引起培养基中浊度、培养瓶里压力、pH、氧化还原电势、荧光标记底物或代谢产物等方面发生变化。利用放射性 ^{14}C 标记技术、特殊的 CO_2 感受器、压力检测器、红外线或均质荧光技术检测上述培养基中的任一变化,可以判断血液和其他体液标本中有无细菌繁殖存在。当增菌培养瓶置入仪器孵育后,即开始连续孵化、轻度振荡培养和自动检测的全过程。仪器检测探头每隔 10~15min 自动检测培养瓶一次,直到报告阳性。当培养瓶培养时间超过规定的培养时间（如 5d）仍为阴性时,仪器报告结果为阴性。半自动血液培养仪仅有检测系统,全自动血液培养仪除检测系统外,还有恒温孵育系统、计算器分析系统和打印系统。目前,利用二氧化碳感受器比色法和利用培养基中荧光物质变化的荧光法这两种检测技术的自动血液培养检测系统在临床上应用最普遍。

二、自动血液培养仪基本组成与结构

自动血液培养系统的仪器型号众多,外观也差别很大,但工作原理相似的同类仪器的结构也基本相同。通常自动血液培养系统的组成主要有 3 个部分。

（一）主机

1. 恒温孵育箱　设有恒温装置和振荡培养装置,依据可装培养瓶位数量分为不同型号,如 50、100、120、240 等。

2. 检测系统　根据检测原理不同,有多种检测技术,如放射性 ^{14}C 标记技术、特殊的 CO_2 感受器、压力检测器、红外线或均质荧光技术等。

（二）计算机、配套软件及其外围设备

通过条形码识别标本,借助软件带的数据库系统分析、计算培养瓶中细菌的生长变化,判断、记录和打印阳性阴性结果(包括阳性出现时间),并进行数据贮存和分析等。

（三）配套试剂与器材

1. 培养瓶　有多种,通常采用密封的真空负压设计,一次性使用,多带有条形码,根据临床需要选用,主要有需氧培养瓶、厌氧培养瓶、小儿专用培养瓶、分枝杆菌培养瓶、中和抗生素培养瓶等。

2. 真空采血装置　有些仪器配套有一次性使用的无菌带塑料管采血针,配合真空负压培养瓶能做到定量采血,血液通过负压作用自动流入瓶中,可避免采样过程的污染。

3. 条形码扫描仪　用于扫描条形码置瓶和取瓶,避免错置和错取培养瓶,保证培养瓶和申请单一致。

三、自动血液培养仪性能与评价指标

由于自动血液培养仪型号众多,虽基本性能相差不大,但扩展性能差别却很大。目前主要介绍临床上广泛使用的第三代自动血液培养系统的一些性能特点。

1. 培养基营养丰富　各厂家提供的多种专用封闭式培养瓶,不仅能提供不同细菌繁殖所必需的增菌液体培养基,还包含适宜的气体成分,可最大限度检出相对应阳性标本,避免假阴性。

2. 以连续、恒温、振荡方式培养　利于细菌快速生长。

3. 培养瓶多采用不易碎材料制成　提高了使用的安全性。

4. 采用封闭式非侵入性瓶外监测方式　避免标本交叉污染,且无放射性物质泄漏。

5. 自动连续监测　阳性标本结果报告快速准确,提高了工作效率。

6. 阳性结果报告及时,并经打印显示或报警提示　约有 85% 以上的阳性标本在 48h 内被检出。

7. 培养瓶多采用双条形码技术　查询患者结果时,只需用条形码扫描仪扫描报告单上的条形码,就可直接读取患者结果及生长曲线。

8. 培养瓶可在随时放入培养系统并进行追踪检测。

9. 数据处理功能较强　借助强大的数据库系统,能及时判定标本阳性或阴性结果,并可进行流行病学统计分析。

10. 设置内部质控系统　可保证仪器正常运行。

11. 检测范围广泛　除检测血液标本外,还可检测多种人体无菌部位体液标本,如胸腔积液、腹腔积液、脑脊液、心包积液、关节液及各种穿刺液等。

四、自动血液培养仪使用、维护与常见故障处理

（一）自动血液培养仪使用

自动血液培养仪型号多，仪器使用方法差异较大，下面介绍仪器大致使用方法。

1. 采样　按照所用仪器使用方法规定，及按患者年龄遵医嘱选用相应的培养瓶，采集血样加入血液培养瓶。一般每次采血量成人 5~10ml、小儿 3~5ml。采集血样后，将血液培养瓶上双条条形码中的一条（条形码提供了可撕贴）撕下来，贴在血液细菌培养申请单上。

注意：在撕贴条形码时，切记核对申请单和培养瓶信息是否一致。

2. 置入血培养瓶　包括使用条形码扫描仪置瓶和人工输入条形码置瓶两种情况，都按仪器使用方法或按仪器提示进行。

3. 被检者信息录入、查询和统计

（1）信息录入：打开仪器控制程序，按照对话框填写被检者资料。

（2）信息查询：打开仪器控制程序，按对话框提示进行。除可查询被检者信息资料及检测结果，还能查看曲线图及打印结果。

（3）信息统计：打开仪器控制程序，按对话框提示进行。可按时间段、科室、阴性结果和阳性结果进行统计，均可打印列表。也可按时间段和科室等条件，分析阴阳性结果比例，均可打印。

4. 培养　血培养瓶放入仪器后，血培养仪将自动旋转对血液培养瓶进行培养。温度保持（35±1.5）℃，转盘以 26r/min 的转速匀速旋转。

5. 检测　仪器以 10min 为周期对培养瓶进行动态检测。探测头对各血液培养瓶进行检测，检测的信号通过信号转换和 A/D 转换系统传送给系统计算机分析程序。主程序界面上在相应培养瓶位置号上有相应提示。

6. 报警　系统对检测信号进行分析，发现阳性瓶及时报警，报警后在主程序界面上培养瓶位置号上有相应提示，可以取出培养瓶，转种培养皿，进行其他分析实验。持续培养 5d 后未发现微生物生长的血液培养瓶，将报告为阴性瓶并报警，主程序界面上培养瓶位置号上有相应提示，可以取出培养瓶。所有阴性瓶在取出后，均应及时转种，预防仪器误报。

7. 取出培养瓶　有使用条形码扫描仪取瓶和人工输入条形码取瓶两种方法。

（二）自动血液培养仪维护及常见故障处理

1. 一般日常维护和保养　包括以下几点：

（1）保持房间温度，保持实验室干燥和洁净，少开窗户，随手关门。

（2）每 1 周用清水清洗仪器左右两侧的空气过滤器。

（3）每 1 个月清洁仪器四周的灰尘，除去仪器内的纸屑等杂物。

（4）每3个月检查仪器内探测器是否洁净，如需要清洁，可使用干棉签清洁。

（5）每6个月检查稳压电源的输出电压是否正常。

（6）如遇停电，请将仪器电源开关关闭，等来电后，再重新开启仪器。

（7）如遇无法排除的故障报警，将仪器电源关闭，3min后重新开启仪器。

2. 常见故障处理　包括以下几点：

（1）温度异常（过高或过低）：多数情况下是由于仪器门开关过于频繁引起，应尽量减少开关仪器门的次数，并确保仪器门可靠地关闭。通常仪器门要关闭30min后才能保持温度平衡。

需经常对自动血液培养仪温度进行核实，使培养仪工作温度保持在正确的范围里。

（2）瓶孔被污染：如果培养仪培养瓶孔内的培养瓶破裂或培养液泄漏，需按各仪器的要求及时进行有效的清洁和消毒。

（3）数据管理系统与培养仪失去信息联系或不工作：按照各仪器的要求进行恢复。

（4）仪器对测试中的培养瓶出现异常反应：按照各仪器使用说明进行校正。

第四节　自动微生物鉴定和药敏分析系统

微生物鉴定是微生物分类的实验过程。目前普遍使用的自动微生物鉴定和药敏分析系统主要功能包括微生物鉴定、抗菌药物敏感性试验（AST）及最低抑菌浓度（MIC）测定等，检测结果准确性和可靠性已明显提高。

一、自动微生物鉴定和药敏分析系统工作原理

（一）鉴定原理

该系统采用微生物数码鉴定原理。数码鉴定是指通过数学化编码技术将细菌生化反应模式转换成数学化模式，给每种细菌生化反应模式赋予一组数码，建立数据库或编成检索本。通过将待检细菌进行有关生化试验，并将生化反应结果转换成一组数字（编码），检阅数据库或检索本，可得到细菌名称。微生物自动鉴定系统的基本原理是计算系统检测所得数据，再与数据库内每个细菌条目相比较及对系统中每个生化反应出现的频率总和而得出鉴定结论。随着计算机等技术快速发展，使检索工作变得更方便快捷。

微生物自动鉴定系统微量培养基载体是配套的鉴定板卡（内有几十个带有生化反应基质的微量反应池），包括常规革兰氏阳（阴）性卡和快速荧光革兰氏阳（阴）性卡两种，其检测原理略有不同。将菌种接种到鉴定板后进行孵育，仪器定时对板卡中各微量反应池进行检测，由于细菌各自酶系统不同，新陈代谢产物也有所不同，而这些产物又具有不同的系列化特性。对常规革兰氏阳（阴）性卡中各项生化反应结果（阳性或阴

性）的判断是根据比色法原理来检测完成,经系统计算检测反应结果转换而来的数据与数据库数据相比较得出比较近似于系统的鉴定值。对快速荧光革兰氏阳（阴）性卡中各项生化反应结果（阳性或阴性）的判断是根据荧光法原理,通过对荧光底物的水解、荧光底物被利用后 pH 的变化、特殊代谢产物生成及某些代谢产物的生成率检测来完成。

（二）抗菌药物敏感性试验检测原理

自动化抗菌药物敏感性试验是用药敏测试板（卡）进行测试,其实质是微型化的肉汤稀释试验。基本原理是将抗菌药物微量稀释在条孔或条板中,加入细菌悬液孵育后放入独立孵育器或在仪器中直接孵育一段时间后,仪器每隔一定时间自动测定细菌生长浊度,或测定培养基中荧光指示剂强度或荧光原性物质的水解,观察细菌生长情况。待检菌在各药物浓度的生长斜率与阳性对照孔细菌生长斜率相比较,经回归分析得出 MIC（最小抑菌浓度）值,并根据每年最新公布的美国临床实验室标准化委员会（CLSI）标准得出相应敏感度:敏感"S"、中度敏感"MS"和耐药"R"。

药敏测试板也分常规测试板和快速荧光测试板两种。常规测试板检测原理是利用光电比浊法,通过检测细菌生长情况不同而引起的浊度变化来确定 MIC 值;快速荧光测试板检测原理是荧光法,通过检测反应物荧光的增强情况间接确定 MIC 值。

二、自动微生物鉴定和药敏分析系统基本结构

（一）测试卡（板）

各种微生物自动鉴定及药敏分析系统均配有相应的测试卡或测试板。测试卡（板）是系统的工作基础,不同种类测试卡（板）具有不同的功能。测试卡（板）上都附有条形码,上机前经条形码扫描器扫描后可被系统识别,系统会自动给测试板编号,以防标本混淆。

（二）菌液接种器和比浊仪

绝大多数自动微生物鉴定和药敏分析系统都配套有自动接种器,有真空接种器和活塞接种器两个型号,以真空接种器多见。系统一般都配有标准麦氏浓度比浊仪,实验时用于测试稀释的待检菌液浊度。

（三）孵育和监测系统

测试卡（板）接种菌液后即可放入孵箱 / 读数器中进行孵育和监测。监测系统在测试卡（板）放入孵育箱后,就对测试板进行一次初次扫描,并将检测数据储存起来作为对照。监测系统每隔一定时间对每孔透光度或荧光物质变化进行检测。一些测试板某些测试孔经适当孵育后需添加试剂才能继续比色法测定,此时系统会自动添加,并延长孵育时间。快速荧光测定系统可直接对荧光测试板各孔中产生的荧光进行检测。系统将检测所得数据与数据库里数据比较,并参照初次扫描对照值数据,推断出菌种类型及药敏

结果。

（四）数据管理系统

数据管理系统是整个系统的"神经中枢"，负责数据转换及分析处理。它控制孵箱温度及一些外围设备的正常运行，并自动计时读数；始终保持与孵箱/读数器、打印机联络，收集记录、储存和分析数据。当反应完成时，计算机可根据需要自动打印报告单。当系统出现故障时会自动报警指令。系统还借助其强大的运算功能，对菌种发生率、菌种分离率、抗菌药物耐药率等项目进行流行病学统计。有些仪器还配有专家系统，可对药敏试验结果提示有何种耐药机制的存在，其"解释性"判读有一定参考价值。

三、自动微生物鉴定和药敏分析系统性能评价

1. 自动化程度较高　可自动加样、联机孵育、定时扫描、读数、分析、打印报告等。

2. 功能范围大　包括需氧菌、厌氧菌、真菌鉴定及细菌药物敏感试验、最低抑菌浓度（MIC）测定。如有些系统可同时分别检测 100 份鉴定标本及 100 份药敏标本，总标本量达 200 份。

3. 检测速度快　快速荧光测试板鉴定一般为 2~4h 出结果，绝大多数细菌的鉴定可在 4~6h 内完成，常规测试板的鉴定一般为 18h 左右出结果。

4. 系统具有较大的细菌资料库　可进行 100~700 多种细菌的鉴定及数十甚至 100 多种不同抗菌药物的敏感性测试。

5. 使用一次性测试卡或测试板　用后正规销毁，可避免重复使用易出现人为误差。

6. 数据处理软件功能强大　可根据用户需要，对完成的鉴定样本及药敏试验结果自动作出统计并能输出多种统计学报告。

7. 软件和测试卡（板）大多可不断升级更新　软件升级速度快，测试卡有多种（鉴定板、药敏板或鉴定/药敏复合板等），检测功能和数据统计功能不断增强，不易落伍。

8. 设有内部质控系统　能自动维护、自动质控，保证仪器正常运转。

四、自动微生物鉴定和药敏分析系统使用、维护与常见故障处理

（一）自动微生物鉴定和药敏分析系统使用

自动微生物鉴定和药敏分析系统型号众多，使用方法有异，基本的操作步骤主要有：

1. 测试卡准备　按不同细菌或革兰氏染色结果选用相应测试板，有些还要求在相应位置上涂氧化酶、触酶、凝固酶及 β 溶血标记。

2. 配制菌液　不同测试卡对菌液浓度的要求不同，有些要求细菌悬液浓度是 1 麦氏单位，有些是 2 或 3 个麦氏单位。配制的细菌悬液浓度应在浊度仪上测试确认。

3. 接种菌液及封口　按规定时间应用菌液接种器来充液接种，完成后用封口切割器

或专用配件进行封口。

4. 孵育和测试　封口后的测试卡放到孵箱或读数器中，仪器会按程序检测测试卡（一些仪器需手工协助）。

5. 输入患者流行病学及标本资料　按主菜单要求输入患者流行病学及标本资料。

6. 自动打印报告　测试卡完成鉴定和药敏测试后，系统可自动打印实验报告和患者报告单。

（二）自动微生物鉴定和药敏分析系统维护与常见故障处理

目前临床上使用的自动微生物鉴定和药敏分析系统种类、型号众多，检测原理和仪器结构不尽相同。为了保证检测结果的准确和可靠，必须做好仪器设备的维护和保养，使其处于良好的工作状态。

1. 放置仪器的房间保持合适的温度，室内通风良好，避免强光直射。

2. 严格按使用手册规定进行开、关机及各种操作，防止因程序错误造成设备损伤和信息丢失。

3. 定期清洁比浊仪、真空接种器、封口器、读数器及各种传感器，避免由于灰尘而影响结果准确性。

4. 定期用标准比浊管对比浊仪进行校正，用 ATCC 标准菌株测试各种测试卡，并做好质控记录。

5. 建立仪器保养程序，确保仪器正常工作如：①每天检查及清洁仪器主机及附件表面，确保无污染；②每天检查及清洁切割机口；③每月检查、清洁标本架，有损坏及时更换；④每6个月对仪器进行全面维护保养1次；⑤定期由工程师作全面保养，及时排除故障隐患。

6. 建立仪器使用以及故障和维修记录，详细记录每次使用情况和故障时间、内容、性质、原因和解决办法。

7. 自动微生物鉴定和药敏分析系统属于精密仪器，出了故障应由专业维修人员进行。

本章小结

　　生物安全柜是一种为了保护操作人员、实验室环境及工作材料安全的防御装置。生物安全柜分为Ⅰ、Ⅱ、Ⅲ级三大类。生物安全柜由箱体和支架两部分组成，使用生物安全柜时要按规定程序操作，并将工作区域内污染物质与洁净物质分开放置，避免交叉污染。为了确保生物安全柜生物防护性能，使用过程中应注意对安全柜的维护与保养，必要时进行性能检测。本节重点及难点为"生物安全柜的工作原理和分类"。

　　培养箱是培养微生物的主要设备，用于微生物与细胞的培养繁殖。最常用的有电热恒温培养箱、二氧化碳培养箱和厌氧培养箱三种。本节重点为"电热恒温培养箱的原理"，难点为"CO_2 培养箱的分类、结构和使用"。

自动血液培养系统主要由一个培养系统和一个检测系统组成。自动血液培养系统主要由培养仪、培养瓶和数据管理系统三部分组成。自动血液培养仪使用要注意日常的维护，出现故障处理要及时处理。本节重点为"自动血培养仪的工作原理"。

自动微生物鉴定和药敏分析系统采用微生物数码鉴定原理。自动化抗菌药物敏感性试验实质是微型化肉汤稀释试验，该系统检测出待检菌对相应药物的 MIC 值，并根据 CLSI 标准得到相应敏感度。自动微生物鉴定和药敏分析系统主要由测试卡、菌液接种器、比浊仪、孵育和监测系统、数据管理系统组成。具有自动化程度较高、检测速度快、可鉴定微生物种类及药物敏感试验种类多、数据处理能力强大、结果准确可靠的优点。本节重点及难点为"微生物自动鉴定及药敏分析系统的工作原理"。

（陈华民）

思考与练习

简答题：

1. 生物安全柜的工作原理是什么？
2. 生物安全柜内物品摆放的原则有哪些？
3. 简述气套式和水套式细胞培养箱的特点。
4. 简述厌氧培养系统维持箱内厌氧状态的工作原理。
5. 简述自动化血培养仪检测系统的工作原理。

思维导图

第九章 │ 细胞分子生物学技术相关仪器

09章 数字资源

细胞分子生物学是生命科学的支柱学科，流式细胞术、基因克隆、PCR 技术等是该领域研究的重要方法，推动着生命科学飞速发展。了解常用细胞分子生物学技术及相关仪器，对于增强检验人员的工作能力，提高临床检验水平具有十分重要的意义。本章主要介绍流式细胞仪和 PCR 核酸扩增仪。

第一节　流式细胞仪

流式细胞仪是利用流式细胞技术进行单个细胞结构和功能分析的新型高科技仪器，是细胞分子实验室和临床诊断实验室常用的大型分析仪器之一。本节简要介绍该仪器的原理、结构、性能指标及临床应用等。

一、流式细胞仪概述

流式细胞技术是一种现代医学研究常用的先进技术,是利用多种方法对处于快速流动的单个细胞或生物颗粒进行自动化多参数定量分析或/和分选的技术,是现代医学研究和临床检验最先进的分析技术之一。流式细胞仪是在流式细胞术的基础上发展起来的仪器。该仪器在细胞生物学、免疫学、肿瘤学、血液学、病理学、遗传学等领域都得到了应用,有着非常广泛的应用前景。

二、流式细胞仪工作原理与基本结构

(一)流式细胞仪工作原理

1. 生物颗粒分析原理 经过荧光染料染色的单细胞悬液,在液流泵的作用下垂直进入流动室,形成沿流动室轴心向下流动的样品流,并与包绕细胞悬液鞘液流一起从喷嘴孔喷出,在测量区与水平方向激光束垂直相交。染色细胞受激光照射后发出荧光,同时产生光散射。这些信号可以被光电二极管接收,经过转换器转换为电子信号后,经模/数转换输入计算机。计算机通过相应的软件对这些数字化信息进行处理并输出,就可得到细胞大小、活性、核酸含量等信息。

2. 细胞分选原理 在压电晶体上加上频率为30kHz的信号,使之产生同频率机械振动,流动室也就随之振动,促使通过测量区液柱断裂成一连串均匀的液滴。当满足分选特性的细胞形成液滴时,流式细胞仪就会给含有这类细胞的液滴充以特定的电荷。当液滴向下落入偏转板间的静电场时,依所带电荷种类分别向左偏转或向右偏转,落入指定的收集器内。而不带电的液滴不发生偏转,垂直落入废液槽中被排出,从而达到细胞分类收集目的。流式细胞仪工作的基本原理如图9-1所示。

(二)流式细胞仪基本结构

1. 流动室与液流驱动系统 流动室由石英玻璃制成,中央有一个430μm×180μm的长方形孔,供细胞单个流过。流动室是流式细胞仪的重要部件之一,被测样品在此与激光束相交并被检测。

流动室和液流驱动系统的工作原理如图9-2所示。流动室内充满了鞘液,在鞘液泵的作用下可以形成稳定的鞘液流。样品流在鞘液流的环包下形成流体动力学聚焦,使样品流不会脱离液流轴线方向,并且保证每个细胞通过激光照射区的时间相等,从而得到准确的细胞荧光信息。

2. 激光光源与分光系统 激光是一种相干光源,能提供单波长、高强度、高稳定性的光照,是理想的光源。激光光束在到达流动室前,需经透镜聚焦,形成几何尺寸约为22μm×66μm的光斑,该光斑的短轴稍大于细胞直径,便于对细胞的检测。

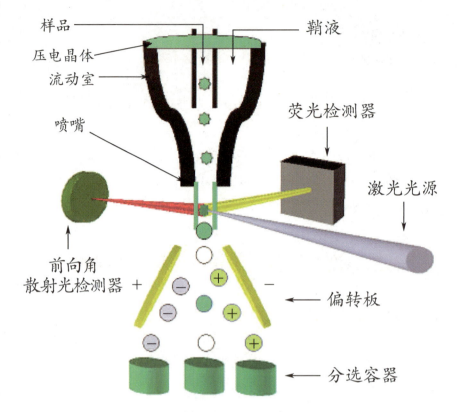

图 9-1 流式细胞仪工作原理示意图

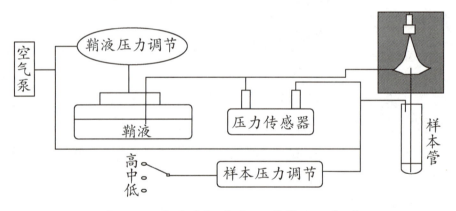

图 9-2 流动室与液流驱动系统示意图

流式细胞仪的结构及使用（视频）

3. 光学系统 由若干组透镜、滤光片和小孔组成,其作用是将不同波长光信号进行分离、聚集后,送入不同的光电转换器和电子探测器。

4. 信号检测与分析系统 该系统主要由光电二极管和计算机系统组成。细胞产生的荧光信号和激光散射信号照射到光电二极管散射光检测器上,经过转换器转换为电信号后,经模/数转换输入计算机。计算机通过相应的软件储存、计算、分析这些数字化信息,就可得到相应的信息。

5. 细胞分选系统 由水滴形成、分选逻辑电路、水滴充电及偏转三部分组成。分选逻辑电路根据分选细胞参数,给含有此参数的细胞液滴充电,充电的液滴经过电极偏转板时,依所带电荷不同而偏向不同的电极板,在电极的下方放置收集容器,便可得到要分选的细胞。

三、流式细胞仪信号检测与数据分析

信号检测是流式细胞仪定性分析或定量测定的基础,而数据显示模式是直接信息输出方式。

(一)检测信号类型

流式细胞仪的检测信号包括两类:激光信号和荧光信号。

1. 激光信号 指分析细胞对激光源光束的散射,其波长与激光相同,反映细胞固有的物理参数。根据检测角度不同可以将散射光信号分为前向角散射和侧向角散射。前向角散射反映待测细胞的大小。侧向角散射光信号用来反映细胞表面形态、细胞内颗粒大小及分布状态,可反映细胞内精细结构。

2. 荧光信号 是流式细胞仪检测的主要信号。荧光信号也有两种,一种是细胞自发荧光,一般很微弱;另一种是细胞样本经标有特异性荧光素的单克隆抗体染色后经激光激发发出的荧光,这种荧光信号较强,通过对这类荧光信号的检测和定量分析能了解所研究细胞的存在和数量。

(二)荧光信号测量

荧光信号测量由电子线路完成。荧光信号强度可以用线性放大或对数放大的电信号表示,也可以用荧光信号的面积和宽度表示。

1. 荧光信号的线性测量与对数测量 携带荧光素的细胞产生的光信号被光电倍增管转换成电信号,输入线性放大或对数放大器被放大。线性放大器的输出与输入是线性关系,细胞 DNA 含量、RNA 含量、总蛋白质含量等的测量一般选用线性放大测量。当某些指标在标本中的浓度相差非常大,呈指数关系变化时用对数放大器。

2. 荧光信号的面积和宽度 荧光信号的面积是对荧光光通量进行积分测量,有时这种方法比荧光脉冲的高度更能准确反映指标变化。荧光信号的宽度常用来区分双连体细胞。

3. 荧光补偿 当细胞携带两种荧光素时,会发射两种不同波长的荧光,理论上可以单独检测。但目前所使用的各种荧光染料的发射谱都较宽,虽然它们之间发射峰值各不相同,但发射谱范围有一定的重叠而造成误差。克服这种误差的最有效方法是使用荧光补偿电路,利用已知标准样品或荧光小珠,合理设置荧光信号补偿值。

(三)数据存储与显示

1. 数据存储 目前流式细胞仪的数据存储均采用列表排队方式,这种模式可以节约内存和磁盘容量,易于加工、分析和处理,但缺乏直观性。

2. 数据显示 根据测量参数不同可以采用直方图、散点图、等高线图、密度图等几种。对于双参数或多参数数据,既可以单独显示每个参数直方图,也可以选择散点图、等高线图、灰度图或三维立体视图。

四、流式细胞仪性能指标与评价

1. 灵敏度　是衡量仪器检测微弱荧光信号的重要指标。一般以能检测到单个微球上最少荧光分子数目来表示。

2. 分辨率　是衡量仪器测量精度的指标,通常用变异系数表示。理想的情况是$CV=0$,但在实际测量中,由于仪器本身误差等因素的存在,实际得不到$CV=0$的情况。CV值越小,测量误差就越小。一般流式细胞仪在最佳状态时,CV值<2%。

3. 分析速度　以每秒钟分析的细胞数来表示。当细胞流过测量区的速度超过流式细胞仪响应速度时,细胞产生的荧光信号就会丢失,这段时间称为死时间。死时间越短,仪器处理数据就越快,仪器分析速度快。

4. 分选指标　①分选速度:指流式细胞仪每秒钟可以分选的细胞数;②分选纯度:指流式细胞仪分选的目的细胞占分选细胞的百分比;③分选收获率:指仪器分出的细胞占原来溶液中该细胞的百分比。通常情况下分选纯度和收获率是相互矛盾的,纯度提高则收获率降低,收获率提高则纯度降低。

五、流式细胞仪分析流程与技术要求

流式细胞仪是一项集多学科知识综合应用的复杂仪器,熟悉其分析流程和技术要求对于保证获取正确可靠检验数据非常重要。

(一)流式细胞仪分析流程

1. 检测样品制备　流式细胞仪测定的标本,不论是外周血细胞、培养细胞或组织细胞,首先要保证是单细胞悬液。不同来源细胞的处理程序不同,但总体要求是一样的。制备高质量的单细胞悬液是进行流式分析最关键的步骤。

2. 荧光染色　荧光染料的选择和标记方法也是保证分析结果的关键技术。制备成单细胞悬液后,要选择带有荧光素标记的单克隆抗体进行荧光染色,才能上机检测。

3. 上机检测　这是流式分析的主要过程。

4. 结果分析　根据输出数据或图像,结合相关专业知识进行检测结果的综合分析,提示相关的生物学意义。

(二)流式细胞仪技术要求

1. 样品制备　流式细胞仪测定的样本,不管来源必须制备成单细胞悬液。如果两个或两个以上的细胞粘连或重叠在一起,将影响信号的收集及所收集信号的真实性。所以制备单细胞悬液是进行流式细胞分析的重要环节。

2. 荧光染料与标记染色　在流式细胞仪分析的过程中。荧光信号来源于细胞的自发荧光或被分析细胞经特异性荧光染料染色后在通过激光束激发后所产生。因此,被分析的细胞在制备成单细胞悬液后,经过荧光染料染色后才能上机检测,荧光染料的选择和标记细胞的方法成为保证荧光信号产生的关键技术。

 知识链接

荧光染料在流式细胞术中的应用:

1. 碘化丙啶染色　碘化丙啶(PI)能嵌入DNA双螺旋中,可使荧光强度增加约20倍,以488nm波长激发,DNA/PI复合物最大的发射波长约为615nm。

2. 吖啶橙染色　吖啶橙是一种荧光染料,可通过细胞的细胞膜使细胞内遗传物质DNA和RNA着色,观察死亡细胞荧光颜色的变化可以区别分裂细胞和静止细胞群体。利用吖啶橙可变色特性可以用来鉴别DNA和RNA。

3. Hoechst33258染色　以溴化脱氧尿嘧啶(Brdu)和Hoechst33258染料进行细胞周期分析。

4. 异硫氰酸荧光素染色　以异硫氰酸荧光素(FITC)染色蛋白质。

5. 普卡霉素和PI的双标记DNA染色　该染色技术主要用于实体肿瘤组织、精子细胞及妇科标本,同时也适用于体外培养的细胞。

3. 流式细胞仪操作技术质量控制　①光路与流路校正:目的是确保激光光路与样品流处于正交状态,降低仪器检测时的变异。②光电倍增管校准:为保证样品检测时仪器处于最佳工作状态,采用质控品进行光电倍增管校准。③绝对计数校准:为保证仪器在计数时的准确性,仪器应采用绝对计数标准品建立绝对计数标准。

六、流式细胞仪维护与常见故障处理

1. 流式细胞仪维护　流式细胞仪的维护既包括仪器工作环境维护,如要使用稳压电源、有良好接地装置、适宜温度和湿度等;也包括流路维护,如冷却水必须使用过滤器,并保证压力和流量,以避免水道阻塞造成激光的损坏;样品和鞘液管道每周应用消毒液清洗,避免微生物生长;仪器室内应注意避光、防尘、除湿,还包括人员培训与管理等。

2. 流式细胞仪常见故障及处理方法　常见故障包括清洗液高度不足、数据处理速率错误、数据存取错误、程序错误、激光器开启错误、样品压力错误和参数太多等,这些错误并不复杂,可按照操作程序对照,逐个排除。严重错误出现时不能擅自修理,应及时与制造商联系。

七、流式细胞仪临床应用

流式细胞仪具有快速、准确等特性,已广泛应用于免疫学、细胞生物学、血液学、肿瘤学等基础医学的研究和临床医疗实践中。

1. 在免疫学中的应用　流式细胞术被称为现代免疫检验技术基石之一,广泛地应用于免疫理论研究及临床实践。在研究淋巴细胞及其亚群分析、淋巴细胞功能分析、免疫分型、分选、肿瘤细胞的免疫检测、免疫活性细胞的分型与纯化、淋巴细胞亚群与疾病的关系、免疫缺陷病如艾滋病的诊断、器官移植后的免疫学监测等方面都起着相当重要的作用。

2. 在血液学中的应用　流式细胞仪在血液细胞分类、分型,造血细胞分化的研究,血细胞中各种酶的定量分析;研究白血病细胞分化成熟与细胞增殖周期变化的关系;了解胎儿是否可能因 Rh 血型不合而发生严重溶血;检测血液中循环免疫复合物用于诊断自身免疫性疾病,了解各种血液病的发病机制,帮助疾病的诊断、治疗和判断预后等。

3. 在细胞生物学中的应用　在细胞生物学研究中,最常用的是细胞周期分析,研究细胞周期或 DNA 倍体与细胞表面受体及抗原表达的关系,包括细胞周期各时相的百分比和细胞周期动力学参数测定等内容。

4. 在肿瘤学中的应用　流式细胞仪在肿瘤学研究方面已成为主要研究手段之一。通过 DNA 倍体含量测定鉴别良、恶性肿瘤。

第二节　PCR 核酸扩增仪

聚合酶链反应(PCR)是现代分子生物学研究重要的实验技术,用 PCR 技术进行核酸扩增的仪器称 PCR 核酸扩增仪,简称 PCR 仪,是分子生物学实验室必备仪器之一。熟悉并掌握 PCR 核酸扩增仪的相关知识和应用,对于基础研究和临床检验工作都具有十分重要的意义。

一、PCR 技术原理

PCR 技术是利用核酸变性、复性和复制的原理进行的一项体外 DNA 扩增技术。PCR 技术的基本原理类似于 DNA 的天然复制过程,其特异性依赖于与靶序列两端互补的寡核苷酸引物,由变性－退火－延伸三个基本反应步骤构成(图 9-3)。

1. 模板 DNA 变性　模板 DNA 经加热至 93 ℃左右一定时间后,使模板 DNA 双链或经 PCR 扩增形成的双链 DNA 解离成单链,以便它与引物结合,为下一轮反应做准备。

2. 模板 DNA 与引物退火（复性）　模板 DNA 经加热变性成单链后，温度降至 55℃左右，引物与模板 DNA 单链的互补序列配对结合。

3. 引物延伸　DNA 模板－引物结合物在 DNA 聚合酶的作用下，以 dNTP 为原料，靶序列为模板，按照碱基互补配对原则，合成一条新的与模板 DNA 链互补的半保留复制链。重复以上循环，就可获得更多的新链，新链又可成为下次循环的模板。每完成一个循环需 2~4min，这样 2~3h 内完成 30~35 次循环，就能将目的基因扩增放大 10^6~10^7 倍。

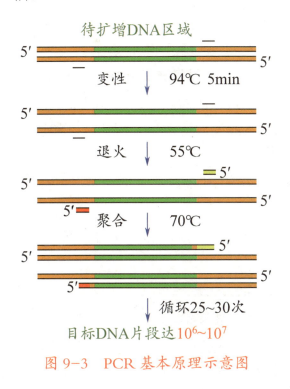

图 9-3　PCR 基本原理示意图

PCR 反应体系的
组成成分（文档）

二、PCR 核酸扩增仪工作原理

PCR 核酸扩增仪是利用 PCR 技术对特定基因做体外大量合成，用于以 DNA 或 RNA 为分析对象的检测。从 PCR 技术的基本原理可以看出，该技术的关键是温度控制。所以 PCR 核酸扩增仪运行的关键也是温度控制。目前主要的控温方式有水浴锅控温、压缩机控温、半导体控温、离心式空气加热控温等几种。

三、PCR 核酸扩增仪分类与结构

（一）PCR 核酸扩增仪分类

根据扩增目的和检测标准可以将 PCR 仪分为普通定性 PCR 扩增仪和实时荧

光定量 PCR 扩增仪。普通定性 PCR 扩增仪按照变温方式不同,可分为水浴式 PCR 仪、变温金属块式 PCR 仪和变温气流式 PCR 仪三类;按照功能用途可分为梯度 PCR 仪和原位 PCR 仪。实时荧光定量 PCR 仪根据其结构的不同,可分为金属板式实时荧光定量 PCR 仪、离心式实时定量 PCR 仪和各孔独立控温的荧光定量 PCR 仪三类。

(二)PCR 核酸扩增仪的结构

1. 普通定性 PCR 核酸扩增仪　普通定性 PCR 仪分为以下四类:①水浴式 PCR 仪:该类仪器由三个不同温度水浴槽和机械臂组成,采用半导体传感技术控温,由计算机控制机械臂完成样品在水浴槽间放置和移动。②变温金属块式 PCR 仪:这类仪器采用半导体加热和冷却,由微机控制恒温和冷热处理过程。中心是由铝块或不锈钢制成的热槽,上有不同数目、不同规格的样品空管。③变温气流式 PCR 仪:这类仪器的热源由电阻元件和吹风机组成,热空气枪借空气作为热传播媒介,大功率风扇及制冷设备提供外部冷空气制冷,精确的温度传感器构成不同的温度循环。配置微机和软件,可灵活编程。

2. 梯度 PCR 仪　是由普通 PCR 仪衍生出的,带有梯度扩增功能。它的每个孔的温度可以在指定范围内按照梯度设置。

3. 原位 PCR 仪　除了普通的扩增功能外,还带有原位扩增功能。使用这种仪器在细胞原位进行 PCR 扩增,不破坏组织形态。

4. 实时荧光定量 PCR 扩增仪　该类仪器分为三类:①金属板式实时定量 PCR 仪,即传统的 96 孔板式定量 PCR 仪,在原有 PCR 仪的基础上,增加荧光激发和检测模块,升级为荧光定量 PCR 仪。②离心式实时定量 PCR 仪,这类仪器的样品槽被设计为离心转子的模样,借助空气加热。转子在腔内旋转。以空气为加热介质,加热均匀,接触面积大。但仪器离心转子小,可容纳样品量少,使用成本高,也不带梯度功能。③各孔独立控温的定量 PCR 仪,这类仪器每个温控模块控制一个样品槽,可以在同一台仪器上分别进行不同条件的定量 PCR 反应。随时利用空置的样品槽开始其他定量反应,使用效率非常高,并保证荧光激发和检测不受外界干扰。

 知识链接

实时荧光定量 PCR 进展及其应用:荧光实时定量 PCR 技术最早在 1992 年由一位日本人 Higuchi 第一次报告提出,他当时想实时看到 PCR 反应的整个过程,由于当时溴化乙锭(EB)的广泛使用,最直接想到的标记染料就是 EB,可以插入双链核酸中受激发光,在 PCR 反应的退火或延伸时检测掺入双链核酸中 EB 的含量就能实时监控 PCR 反应的进程,考虑到 PCR 反应的数学函数关系,结合相应的算法,通过加入标准品的方法,就可以对待测样品中的目标基因进行准确定量。这样,在普通 PCR 仪的基础上再配备一个激发和检测的装置,第一台实时定量 PCR 仪就诞生了。而真正市场化的是 1996 年推出的荧光定量 PCR 仪。

四、PCR 核酸扩增仪性能指标、使用、维护及常见故障处理

(一)PCR 仪性能指标

1. 温控指标　温度控制是 PCR 反应的关键,对 PCR 仪来说温控性能决定了仪器的质量。这类指标主要包括:①温度的准确性:指样品孔温度与设定温度的一致性,是 PCR 反应最重要的影响因素之一;②温度的均一性:指样品孔间的温度差异,影响反应结果的一致性;③升降温的速度:升降温速度快,能缩短反应进行的时间,提高工作效率,也缩短了非特异性反应的时间,提高 PCR 反应特异性;④不同模式下的相同温度特性:带梯度功能的 PCR 仪,不仅应考虑梯度模式下不同梯度管排间温度的均一性和准确性,还应考虑仪器在梯度模式和标准模式下是否具有同样的温度特性。

2. 荧光检测系统指标　①激发光源:激发光源目前一般为卤钨灯光源或发光二极管(LED)光源;②检测器:检测器目前常用的是超低温电荷耦合元件(CCD)成像系统和光电倍增管(PMT)。

3. 其他指标　包括:①应用软件,程序简易,易学易用,还具有实时信息显示、记忆存储多个程序、自动倒计时、自动断电保护等功能;②热盖,热盖可使样品管顶部温度达到150℃左右,避免蒸发的反应液凝集于管盖而改变 PCR 反应体积,无须加液状石蜡,减少了后续实验的麻烦;③样品基座,多数 PCR 仪配备了可更换的多样化样品基座,以匹配不同规格的样品管。

(二)PCR 仪使用方法

1. 操作规程　普通 PCR 仪的操作非常简便,一般来说包括以下几个步骤:先打开PCR 仪电源,再打开相连电脑中的相应软件,分别设置温度程序、采集通道,并可根据不同仪器的要求进行一些特殊设置,在仪器中放好 PCR 管,盖好仪器,运行设置好的反应程序。仪器工作过程中不要试图打开机器,以免损坏仪器。某些类型仪器在反应过程中可以在软件中对样品进行编辑,反应结束后分析结果。关机时通常先关软件,再关 PCR仪,最后关电脑。

2. 维护保养及常见故障排除　PCR 仪在使用过程中需要定期维护和保养以延长仪器的使用寿命。一些常用的维护保养及常见故障处理方法见表 9-1。

表 9-1　PCR 仪维护保养及常见故障处理方法

类型	处理办法
样品池清洗	先打开盖子,然后用 95% 乙醇溶液或 10% 清洗液浸泡样品池 5min,然后清洗被污染的孔;用微量移液器吸取液体,用棉签吸干剩余液体;打开 PCR 仪,设定保持温度为 50℃ 的 PCR 程序并使之运行,让残余液体挥发去除,一般 5~10min 即可
热盖清洗	对于实时荧光定量 PCR 仪较为重要。当有荧光污染出现,而且这一污染并非来自样品池时,或当有污染或残留物影响到热盖的松紧时,需要用压缩空气或纯水清洗热盖底面,确保样品池的孔干净,无污物阻挡光路
仪器外表面清洗	可以除去灰尘和油脂,但达不到消毒的效果,可选择没有腐蚀性的清洗剂对 PCR 仪的外表面进行定期清洗
更换保险丝	需先将 PCR 仪关机,拔去插头,打开电源插口旁边的保险盒,换上备用的保险丝,观察是否恢复正常
要求温度与实际分布的反应温度不一致	当检测发现各孔平均温度差偏离设置温度大于 1~2℃ 时,可以运用温度修正法纠正 PCR 实际反应温度差
采用温度修正法纠正仪器温度	不要轻易打开或调整仪器的电子控制部件,必要时请专业人员修理或利用仪器电子线路详细图纸进行维修
降温过程超过 60s	检查仪器的制冷系统,对风冷制冷的 PCR 仪要十分彻底地清理反应底座的灰尘;对其他制冷系统应检查相关的制冷部件
其他情况	仪器工作时出现噪声、荧光强度减弱或不稳定、不能正常采集荧光信号、个别孔扩增效率差异太大、温度传感器或热盖出现问题需专业工程师检修,不建议自行处理

五、PCR 核酸扩增仪临床应用

随着分子生物学的飞速发展,疾病诊断已逐步深入分子水平。分子诊断已成为检验医学一个重要组成部分,不仅能在患病早期作出确切诊断,还能判别致病基因携带者,确定个体对疾病的易感性,并对疾病进行分期、分型、疗效监测和预后判断。PCR 扩增仪也就成为分子诊断实验室的主要仪器,被广泛应用于感染性疾病、遗传性疾病、恶性肿瘤等诊断和基础研究中。

（一）PCR 仪在感染性疾病分子诊断中的应用

感染性疾病的发生涉及细菌、病毒、寄生虫等外源基因对机体的入侵。这些病原体将基因带入人体,无论是否致病,也无论是否将基因整合到人体基因组中,只要病原体存在,机体就会有其核酸序列存在,因而用 PCR 及相关技术检测病原体基因成为临床诊断病原体感染的有效方法之一。

 知识链接

PCR 技术在病毒检测中的应用

我们知道所有生物除朊病毒外都含有核酸,新型冠状病毒也不例外,即遗传性物质。核酸包括脱氧核糖核酸（DNA）和核糖核酸（RNA）,新型冠状病毒是一种仅含 RNA 的病毒,病毒中特异性 RNA 序列是区分该病毒与其他病原体的标志物。新型冠状病毒出现后,我国科学家在极短的时间里完成了对新型冠状病毒全基因组序列解析,并通过与其他物种基因组序列对比,发现了新型冠状病毒中的特异核酸序列。临床实验室检测过程中,如果能在患者样本中检测到新型冠状病毒特异核酸序列,应提示该患者可能被新型冠状病毒感染。所以,核酸检测是感染性疾病诊断的"金标准"。

对于新型冠状病毒核酸检测最常见的是荧光定量 PCR（聚合酶链式反应）。首先根据试剂盒说明"样本要求"部分进行样本采集,常规样本类型包括咽拭子、鼻拭子、痰液、支气管灌洗液、肺泡灌洗液等,其中咽拭子最为常用,标本采集后要尽快送到实验室。实验室收到样本后,对样本进行核酸提取。因 PCR 反应模板仅为 DNA,因此在进行 PCR 反应前,应将新型冠状病毒核酸（RNA）反转录为 DNA。新型冠状病毒 RNA 需要首先反转录为 cDNA,再进行扩增检测。每扩增一条 DNA 链,就有一个荧光分子产生。荧光定量 PCR 仪能够监测出荧光到达预先设定阈值的循环数（Ct 值）与病毒核酸浓度有关。荧光定量 PCR 所得到的样本 Ct 的大小,可以判断患者样本中是否含有新型冠状病毒。

（二）PCR 仪在遗传性疾病分子诊断和研究中的应用

遗传性疾病是由核酸分子结构变异或其表达产物（蛋白质或酶）结构改变引起,用传统临床诊断方法难以早期发现。PCR 技术可以将变异基因在体外扩增出来进行研究。如 PCR 仪可应用于 β－ 珠蛋白扩增和镰形红细胞贫血的产前诊断,多种单基因遗传病、多基因遗传病发病机制的研究。

（三）PCR 仪在恶性肿瘤分子诊断和研究中的应用

PCR 可以用于癌基因和抑癌基因缺失与点突变的研究以及肿瘤相关病毒基因的研究，临床上 PCR 技术的应用使肿瘤的诊断、预后判断及微量残留细胞的监测更为简便、快速、准确。

（四）PCR 仪在其他方面的应用

在法医学上，应用 PCR 仪，能从痕量标本如血迹、头发、精斑等标本中扩增出特异 DNA 片段，进行个体识别、亲子鉴定及性别鉴定等；在移植组织配型上用 PCR 技术进行 DNA 分型，通过检测 Ⅰ 类和 Ⅱ 类抗原位点的等位基因从而作出精确配型；在分子生物学其他领域，PCR 扩增仪还可用于 DNA 文库构建，具有测序周期短、操作快捷、所用组织细胞少，成功率较高等优点。

本章小结

　　本章主要介绍了流式细胞仪和 PCR 核酸扩增仪两类主要的细胞分子生物学技术相关仪器。流式细胞仪是利用流式细胞术而达到细胞分析、分选目的检测仪器。仪器由流动室与液流驱动系统、激光光源与分光系统、信号检测与分析系统和细胞分选器组成，主要靠检测激光信号和荧光信号完成对样本的检测。制备单细胞悬液是保证检测效果的关键。流式细胞仪是贵重精密仪器，在使用过程中要注意维护和保养。流式细胞仪目前已经广泛应用于免疫学、细胞生物学、血液学、肿瘤学等诸多领域。

　　PCR 核酸扩增仪是利用 PCR 技术进行工作的仪器，分成两大类，即普通 PCR 扩增仪和实时荧光定量 PCR 扩增仪。PCR 核酸扩增仪的工作关键是温度控制，目前常用的半导体温控和离心式空气加热温控。温度控制主要包括温度的准确性、均一性以及升降温速度。以 PCR 核酸扩增仪作为工具，不仅能在早期对疾病作出准确的诊断，还能确定个体对疾病的易感性，检出致病基因携带者，并对疾病分期、分型、疗效监测和预后作出判断。

（王　婷）

 思考与练习

一、名词解释

1. 流式细胞仪
2. 流式细胞术
3. 样品流
4. 聚合酶链反应

思维导图

二、简答题

1. 简述流式细胞仪生物学颗粒分析原理。

2. 简述流式细胞仪细胞分选原理。

3. 流式细胞仪依据功能可分为几类？各类型有什么特点？

4. 简述 PCR 技术的原理。

5. PCR 基因扩增仪按照变温方式的不同可分哪几类？分别有什么特点？

第十章 │ 即时检测技术相关仪器

10章 数字资源

即时检测（POCT）也称床边检验，是检验医学发展的新事物，它顺应了目前快节奏、高效率的工作方式。近年来，POCT 在临床应用中得到了迅速发展，可广泛应用于医院、社区诊所、家庭自我保健、出入境检疫、急救车、疫情监控等场所。

第一节　即时检测技术

即时检测技术作为检验医学重要组成部分，不仅提高了检验速度，并且具有实验仪器小型化、操作方法简单化、结果报告即时化等优点，在检验医学中得到了较大的发展和应用。

一、即时检测技术概念

POCT 是在采样现场由检验专业人员或非检验专业人员采样后利用便携式分析仪器及配套试剂快速检测并得到检测报告一种检测方式。POCT 省去了复杂的标本预处理过程,检测可以在患者旁边即采样现场进行检测。只要检验过程不需要在主实验室进行,并且是一个可移动、简便、快捷的检测系统即可称为 POCT。

二、即时检测技术原理

目前 POCT 检测系统已经变得非常多样化,其操作简单,便于储藏和使用,并与临床实验室检测结果相一致。POCT 检测技术原理主要有以下几种:

1. 将传统方法中的相关液体试剂浸润于滤纸和各种微孔膜吸水材料内,成为整合的干燥试剂块,然后将其固定于硬质型基质上,成为各种形式诊断试剂条。

2. 将传统分析仪器微型化,操作方法简单化,使之成为便携式和手掌式设备。

3. 将上述两者整合为统一的系统。

4. 应用生物感应技术,利用生物感应器检验待测物。

三、即时检测技术分类

1. 简单显色技术　是运用干化学测定方法,将多种反应试剂干燥并固定在纸片上,加入待测标本后产生颜色反应,可以直接用肉眼观察(定性)或仪器检测(半定量)。

2. 多层涂膜技术　是从感光胶片制作技术引申而来的,也属于干化学测定,将多种反应试剂依次涂布在片基上制成干化学试剂片。按照制作原理不同,可分为采用化学涂层技术的多层膜法和采用离子选择性电极原理的差示电位多层膜法。

3. 免疫金标记技术　胶体金颗粒具有高电子密度特性,可以牢固吸附在抗体的表面而不影响抗体活性,当金标记抗体与抗原反应聚集到一定浓度时,形成肉眼可见红色或粉红色斑点。该类技术主要有斑点免疫渗滤法和免疫层析法等。

4. 免疫荧光技术　免疫荧光技术是将免疫学方法(抗原抗体特异结合)与荧光标记技术结合起来研究特异抗原在组织细胞内分布情况的方法,又称为荧光检测技术。由于荧光素所发的荧光可在荧光显微镜下检出,从而可对抗原进行细胞定位分析。也可通过检测板条上激光激发的荧光,定性或/和定量检测板条上单个或多个标志物。

5. 红外分光光度技术　利用物质对红外光的选择吸收进行结构分析、性质鉴定和定量测定。此类技术常用于经皮检测仪器,用于检测血液中血红蛋白、胆红素、葡萄糖等成分。这类床边检验仪器可连续监测患者血液中的目的成分,无须抽血,可避免抽血可能引起的交叉感染和血液标本的污染,降低检验成本和缩短报告时间。

6. 生物传感器技术　是利用离子选择电极、底物特异性电极、电导传感器等特定生物检测器进行分析检测。该类技术是酶化学、免疫化学、电化学与计算机技术结合的产物,可以对生物体液中的物质进行分析。

知识链接

生物传感器相关知识

生物传感器是一个非常活跃的研究和工程技术领域,它与生物信息学、生物芯片、生物控制论、仿生学、生物计算机等学科一起,处在生命科学和信息科学的交叉区域。它们共同特征是:探索和揭示出生命系统中信息的产生、存储、传输、加工、转换和控制等基本规律,探讨应用于人类经济活动的基本方法。生物传感器技术的研究重点是:广泛地应用各种生物活性材料与传感器结合,研究和开发具有识别功能的换能器,并成为制造新型的分析仪器和分析方法的原创技术,研究和开发它们的应用。生物传感器中应用的生物活性材料对象范围包括生物大分子、细胞、细胞器、组织、器官等,以及人工合成的分子印迹聚合物等。生物传感器的种类包括:医疗保健类生物传感器、用于环境检测的生物传感器、药物分析用生物传感器、固定化酶生物传感器等。

7. 生物芯片技术　生物芯片是现代微加工技术和生物科技相结合的产物,它可以在小面积芯片上短时间内同时测定多个项目。生物芯片检测仪器是集光、机、电、计算机以及现代分子生物学等多技术为一体的精密仪器,主要是利用强光照射生物芯片上生物样品以激发荧光,并通过高灵敏度光电探测器探测荧光强度,最后由计算机对探测结果进行分析处理以获取相关生物信息。

8. 其他　其他 POCT 技术还包括快速酶标法或酶标联合其他技术检测病原微生物;电阻抗法测血小板聚集特性;免疫比浊法测定 C- 反应蛋白(CRP)、D- 二聚体;电磁原理检测止、凝血指标等。

第二节　即时检测技术常用仪器

早期 POCT 大多直接用肉眼观察结果,随着微电子技术的发展,产生了许多与 POCT 试剂配套的小型检测仪器,数据处理与自动分析仪相似,为提高 POCT 准确性和进行定量检测提供了良好的基础。

一台理想 POCT 仪器应具备以下特点:①仪器小型化,便于携带;②操作简单化,一般 3~4 个步骤即可完成实验;③报告即时化,缩短检验周期;④经权威机构质量认证;⑤仪器和配套试剂中应配有质控品,可监控仪器和试剂的工作状态;⑥仪器检验项目具备临床价值和社会学意义;⑦仪器的检测费用合理;⑧仪器试剂的应用不应对患者和工作人员的健康造成损害或对环境造成污染。POCT仪器与传统实验室检测的主要区别见表10-1。

表10-1　临床实验室检测与POCT仪器的主要不同点

比较项目	临床实验室检测	POCT
周转时间	慢	快
标本鉴定	复杂	简单
标本处理	通常需要	不需要
血标本	血清、血浆	多为全血
校正	频繁	不频繁
试剂	需要配制	随时可以
消耗品	相对少	相对多
检测仪器	复杂	简单
对操作者的要求	专业人员	普通人员
每个实验花费	低	高
试验结果质量	高	一般

一、多层涂膜技术相关POCT仪器

包括采用化学涂层技术(图10-1)和差示点位多层膜法(图10-2)。这类仪器临床应用较普遍,如快速血糖等生物化学项目的检测,而差示电位多层膜法多用于电解质测定。

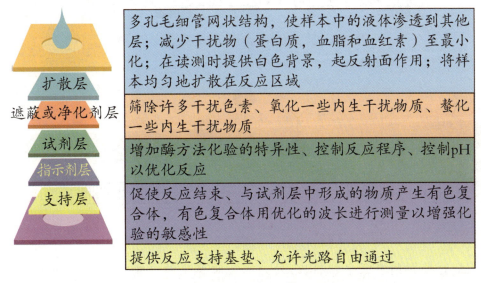

图10-1　多层涂膜技术化学法结构示意图

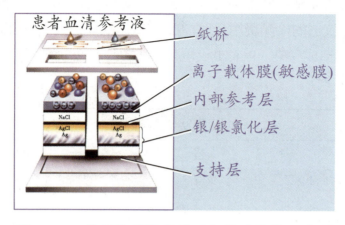

图 10-2　多层涂膜技术差示电位法结构示意图

二、免疫金标记技术相关 POCT 仪器

包括免疫渗滤和免疫层析技术,免疫渗滤装置及操作(图 10-3),免疫层析实验原理(图 10-4)。该类技术可以快速定量检测血清和尿液中的待测物。操作简单方便、快速、检测范围宽。

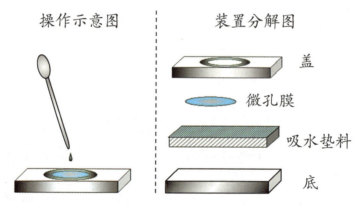

图 10-3　免疫渗滤装置及操作示意图

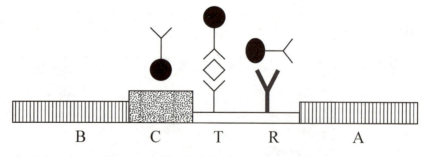

图 10-4　免疫层析实验原理示意图

A、B 处黏附有吸水材料,C 处为固化胶体金结合物,T 处为测试区,固化抑制抗体,R 处为质控区,固化有抗胶体金结合物的抗体。

三、免疫荧光测定技术相关 POCT 仪器

免疫荧光技术是以荧光物质标记抗体而进行抗原定位或抗原含量检测的技术,又称为荧光抗体技术,其技术原理如图 10-5 示。采用该类技术的 POCT 仪器有全定量免疫荧光检测仪等。

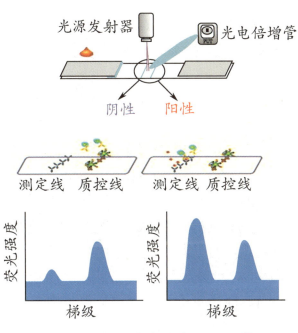

图 10-5 免疫荧光技术原理示意图

快速血糖仪的结构组成和使用方法(视频)

快速检测血糖仪的使用流程(文档)

四、生物传感器技术相关 POCT 仪器

生物传感器是对生物物质敏感并能将其浓度转换成电信号进行检测的器件或装置,由感受器和换能器组成。采用该类技术的即时检测仪器有葡萄糖酶电极传感器相关的血糖仪、荧光传感器相关血气分析仪。这类仪器专一性强,灵敏度高,操作系统简便,易自动化,充分体现了 POCT 特点。

五、红外分光光度技术相关 POCT 仪器

这类技术多用于经皮检测仪器,这类检验仪器可连续检测患者血液中的目标成分,无须抽血,还可避免抽血可能引起的交叉感染和标本间污染,降低检验成本和缩短报告时间。采用该类技术的即时检测仪器有无创伤自测血糖仪、无创(经皮)胆红素检测仪、无创全血细胞测定仪等。

第三节　即时检测技术临床应用及面临的问题和对策

一、即时检测技术临床应用

目前 POCT 几乎涉及医学每个领域,如感染科、门诊、小儿科、妇科、内分泌科等,它不仅用于疾病诊断,还包括日常生活中的检测,因此其发展方向逐渐趋向多项目、多科室、多种疾病同时检测。

1. 在糖尿病中的应用　血糖仪使用全血标本进行即时测定,报告时间大大缩短,是临床、患者家庭最常用的检测仪器。

2. 在心血管疾病中的应用　急性心肌梗死发病急,严重影响到患者的生命安全。POCT 的运用可使急性心肌梗死患者得到及时诊断并采取有效的治疗措施。

3. 在发热性疾病方面的应用　仪器对 CRP 的检测,与血常规联合应用,对鉴别发热患者感染病原体性质(细菌或病毒)比单一检测更具特异性,为临床提供更充足的实验指标和诊断依据,可减少抗生素的盲目使用,该检测组合已得到临床医师的普遍认可和支持。

4. 感染性疾病中的应用　POCT 在微生物检测方面要比传统的培养法或染色法快速和灵敏得多,例如细菌性阴道病、衣原体病、性病等检测。POCT 也可用于手术前传染病四项检测[乙型肝炎表面抗原(HBsAg)、丙型肝炎病毒(HCV)、人类免疫缺陷病毒(HIV)、梅毒螺旋体(TP)]、内镜检查前的病毒性肝炎筛查等。

5. 儿科疾病中的应用　适合儿童的诊断行为需要轻便、易用、无创伤或创伤性小、样品需求量少、无须预处理、快速得出结论等要素。POCT 能较好地达到上述要求,而且在诊断病情时父母可一直陪伴在孩子身边、更好地与医护人员交流。

6. 在 ICU 病房内的应用　在 ICU 病房里,必须动态监测患者某些生命指标。目前应用于 ICU 病房的 POCT 仪器有用于体外系统的电化学感应器,可周期性监控患者血气、电解质、红细胞压积(血细胞比容)和血糖等;用于体内系统的,将生物传感器安装在探针或导管壁上,置于动脉或静脉管腔内,由监视器定期获取待测物数据。

7. 在循证医学中的应用　循证医学是遵循现代最佳医学研究证据,并将证据应用于临床对患者进行科学诊治决策的一门学科。POCT 弥补了传统临床实验室流程繁琐的不足,操作人员可以在实验室外任何场所进行,快速、方便地获取患者某些与疾病相关数据。

8. 在医院外的应用　医院外的 POCT 应用领域更加广泛,如家庭自我保健、社区医疗、体检中心、救护车上、事故现场、出入境检疫、禁毒、戒毒中心、公安部门等。

二、即时检测技术面临的问题和对策

POCT 在发展中存在很多问题,需要采用相应的对策解决这些问题。

1. 质量保证问题　各种POCT分析仪的准确度和精密度各不相同,而且没有统一的室内和室间严格的质量控制,无法确保分析系统质量;非检验操作人员没有经过适当培训,不熟悉设备性能和局限性。这些都是导致POCT质量不稳定的重要原因。这就需要尽快健全POCT分析严格的质量保证体系和管理规范,加强人员培训等以保证POCT检验结果的准确性。

2. 循证医学评估问题　POCT仪器及检验结果本身来说,尚缺乏循证医学的评估,需要加强循证医学评估。

3. 费用问题　POCT单个检验费用,高于常规性检验或传统实验室检验,需采用高科技技术降低检验成本。

4. 报告书写不规范问题　如采用热敏打印纸发报告、报告内容不规范等,这需要加强检测结果管理,建立有效的质控措施,保证POCT设备与常规实验室检测结果一致性、报告方式一致性等。

由于POCT技术具有快速、方便、准确等优点,已经成为当前检验医学发展的潮流和热点。一些现代高新技术不断应用必将会给POCT发展带来新的突破,从而在临床检验工作中发挥更大的作用。

本章小结　即时检测(POCT)也称床边检验,指在患者身边,由非检验专业人员(临床人员或患者)利用便携式仪器快速并准确获取结果,分析患者标本的分析技术,或者说测试不在主实验室而在一个可移动的系统内进行。它具有作为大型自动化仪器的补充,节省分析前、后标本处理步骤,缩短标本检测周期,快速准确报告检验结果,节约综合成本等优势,而在各个医疗场景中广泛应用。但即时检测仪器存在质量保证及质控措施缺乏,单个检验费用高,报告书写不规范等问题。通过建立即时检测仪器的质量保证体系,加强管理规范和操作人员培训等措施可提高即时检测仪器使用的可靠性,促进POCT快速发展。

（王　婷）

思考与练习

一、名词解释

1. 即时检测(POCT)

2. 简单显色技术

3. 生物传感器技术

思维导图

二、简答题

1. POCT 主要特点是什么？与传统的实验室检查有何不同？
2. 简述 POCT 基本原理。
3. 简述一台合格 POCT 仪应具备的特点。
4. 简述 POCT 的临床用途。

第十一章 | 实验室自动化系统

11章 数字资源

　　随着科学技术不断发展、医疗水平不断提高及医疗需求的持续增长，各种现代化的高科技技术不断融入临床实验室工作中，促进了检验医学的快速发展。特别是随着计算机技术与检验技术的迅猛发展，临床检验仪器向着大型化、自动化、智能化、一体化的方向发展。

第一节　实验室自动化系统

一、实验室自动化系统基本概念

全实验室自动化开始于20世纪80年代,1996年国际临床化学和实验室医学联盟大会上提出了全实验室自动化概念。实验室自动化系统(LAS)又称为全实验室自动化(TLA),是为了实现临床实验室内一个或几个检测子系统,如临床化学检验、免疫学检验等的整合,将同一厂家或不同厂家相互关联或不关联自动分析仪器以及分析前和分析后的实验室处理装置,通过自动化输送轨道和信息网络进行连接,构成全自动化流水线作业环境,覆盖整个检验过程,形成大规模的检验自动化分析系统。

二、实验室自动化系统分类

20世纪90年代全球实验室自动化得到迅猛发展。实验室自动化系统的发展与科学技术的发展密不可分,主要经历了三个阶段。

1. 分析系统自动化　即分析仪器本身的自动化,如全自动生化分析仪、全自动血细胞分析仪等。主要应用了条形码技术,达到了自动识别样本、试剂的目的,实现了检测自动化,但未能涉及标本前、后处理等过程自动化。

2. 实验室模块自动化　是实验室根据用户需求选择一套模块工作单元组合。模块工作单元由两台或两台以上具有相同分析原理的自动分析仪和一台控制器所组成。实验室模块自动化系统包括分析前自动化系统、合并自动化分析仪或整合自动化分析仪、分析后自动化系统(可以对异常标本自动进行复检)。

3. 全实验室自动化　是将众多模块分析系统整合成一个实现对标本处理、传送、分析、数据处理和分析的全自动化过程。TLA包括:自动化标本处理、标本自动传送和分选至相应的分析工作站、自动分析、利用规范的操作系统软件对分析结果进行审核、储存已分析的标本并能随时对储存标本重新进行测试。

第二节　实验室自动化系统结构与功能

实验室自动化系统包括硬件和软件两部分。硬件完成标本的传送、处理和检测等,主要由标本传送系统、样本前处理系统、分析检测系统和分析后输出系统构成。软件完成对硬件的协调控制和信息的传递,主要由分析仪器内部的分析测试控制系统以及外部的实验室信息系统和医院信息系统构成。全实验室自动化系统见图11-1。

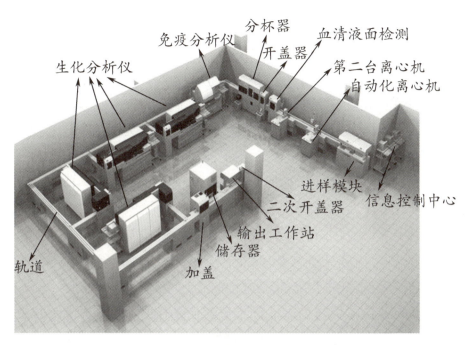

图 11-1　全实验室自动化系统

一、标本传送系统

标本传送系统的作用是负责将样品从一个模块传递到另一个模块。标本自动传送装置可以将各类样品传送至自动化流水线上相应的工作站,自动完成各种检测分析。目前传输系统传送样本的方式主要有智能化传输带和智能自动机械臂,它们的区别在于对试管架设计不同及传送试管方式不同。

1. 智能化传输带　它依靠智能化传输带和机械轨道实现全实验室自动化系统各部分的连接,样品转运有成架转运和单管转运两种模式。其特点是技术稳定、速度快、价格低,因此一直应用于绝大多数实验室的自动化系统中。但其不能处理多种规格的样品容器,必须要将不同样品分装到标准的容器中。它也不能适应实验室布局的改变,当临床实验室因开展新的项目而引入新的分析仪器时,传送带系统不能适应实验室布局改变的要求。

2. 智能自动机械臂　即编程控制的可移动机械手,是对智能化传输带技术的补充。安装在固定底座上的机械手,其活动范围仅限于一个往返区间或以机座为圆心的半圆区域内,以安装在移动机座上机械手为中心,可为多台分析仪器提供标本,大大扩展其活动范围。机械手有很好的动作可重复性。此外,机械手可容易载取不同尺寸、形状的标本容器,轻易地适应多种规格、不同形状的样品容器,当实验室布局发生改变时,可通过编程转移到新的位置,有很好的灵活性。

二、标本处理系统

标本处理系统的功能包括：样本分类和识别、样本离心、样本识别、样本管去盖、样本再分注及标记，使样本处理完全摆脱手工作业，实现无差错和全自动化。该系统可对样品进行多种方式的标识，包括二维条码、条形码、ID 芯片等，其中以条形码最常用。

1. 样品投入和分类　完整的样品投入包括：常规样品从样品投入模块进入；急诊样品从样品投入模块上急诊专用口进入；复测样品从优先入口进入等。样品传送顺序依次是急诊、复测、常规，样品有成架进入和单管进入两种模式。样本分类的作用是将样品按检验目的进行分类，符合流水线要求的在线上能完成的样品将进入流水线，不能完成的样品则按要求传送至特定位置另行处理。样本分类自动化既可以采用抓放式机械手实现，也可以通过在不同样品传送轨道间切换的方式实现。

2. 样本离心　离心单元在全自动标本前处理系统中通常是作为独立单元存在的，它可以将不连续的批处理以离心方式整合到自动分析系统中。当系统停止运行时离心单元也能单独使用。

3. 样本管去盖　样本管去盖过程的自动化，减少了实验室工作人员与样本的直接接触机会，避免生物源污染危险，也提高了工作效率。但在选择去盖机时必须先要统一实验室所用试管的标准，尽可能地减少试管种类。

4. 样本再分注及标记　有原始样品加样和分注后加样两种方式。前者是在原始样品管中直接吸取标本进行检测，后者则是在原始样本被检测前，由样本分注系统将血清通过分注（分杯），分成若干个子样本。对于分注的二次样本管，系统自动地为其加贴与原始样本管相同的条形码标识。

三、自动化分析系统

自动化分析系统由各种检测仪器和连接轨道组成。通过不同型号仪器和轨道的组合，可以完成各种不同的检验项目，包括生物化学、免疫学、凝血以及血细胞检验等。目前还没有能够连接所有品牌自动化仪器的轨道系统，各流水线厂家连接的都是自己品牌的分析仪器。

四、分析后输出系统

分析后输出系统（输出缓冲模块）包括出口模块和标本储存接收缓冲区等。出口模块用于接收需人工复检的标本和离心完毕的在线检测标本，以上标本自动投入出口模块中预先设定的各自区域等待人工处理。系统标本储存接收缓冲区可进行在线自动复检。标本储存接收缓冲区的基本功能是管理和储存标本。

五、分析测试过程控制系统

分析测试过程控制系统依靠临床实验室信息系统（LIS），实时从医院信息系统（HIS）下载患者资料、检验请求信息、上传标本在各模块的状态、标本架号位置、分析结果、数据通信情况等任务。

实验室自动化
流水线（视频）

知识链接

智能检测功能，是指TLA系统在标本测定结果满足某个预置的条件时自动增加其他相关检测项目。例如，对于血红蛋白结果低于设定范围的标本，系统自动增加叶酸和维生素B_{12}的测定。无须人工介入，标本即可重新传送到另一台分析仪器进行测定。智能检测的意义在于可根据实际情况灵活地决定检测项目，从而降低被检者的费用和实验室的支出。在临床检验领域，实验室的产品就是信息，未来的检验医学将向信息检验医学发展，因此，及时可靠的信息技术、信息的综合分析、完善的信息服务将是我们面临的主要任务。临床实验室将采用更多的自动化方式来执行和传递结果，通过计算机网络、国际互联网实现实验室与临床，实验室间的信息交流、资源共享，促进行业间的交流与合作。

第三节　实验室自动化系统工作原理

实验室自动化系统通过分析前和分析后处理系统和多个检测系统进行系统化的整合，使自动化检验仪器和信息网络连接，形成检验过程以及信息自动化处理。实施成功的关键因素之一是："软件系统或信息管理系统"与"样本处理系统"及"样本分析系统"的良好匹配。如何将实验室自动化系统各软件部分无缝地整合起来，从而充分体现其作用和优势，是医院实验室信息化建设的关键点。计算机软件在保证实验室自动化系统与外部网络信息交流及各系统之间协调运作过程发挥了重要的作用。通过与自动系统内置操作系统交互作用，负责系统内各部分之间相互协调，控制整个流水线的正常运行。

实验室自动化系统的软件包括实验室自动化系统（LAS）、实验室信息系统（LIS）、医院信息系统（HIS）。这些软件系统的无缝对接，是确保实验室自动化系统顺利运行的前提（图11-2）。条形码作为信息的载体，在实验室自动化过程中发挥了重要的媒介作用，实现了 LAS、LIS、HIS 的信息交流。

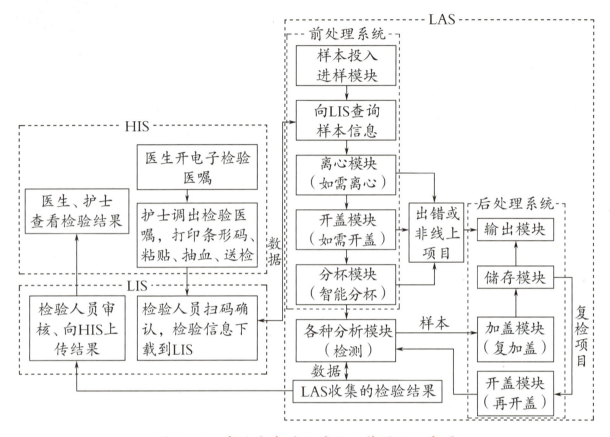

图 11-2　实验室自动化系统工作原理示意图

一、HIS、LIS、LAS 三者间通信流程

LIS 是 HIS 的一个重要组成部分，主要为实验室业务工作提供信息支撑和服务，用来接收、处理和存储检验流程中生成的各种信息软件系统。LIS 在 LAS 中发挥着极其重要的桥梁作用，HIS 中患者的各种检验信息只有通过 LIS 接收、分析处理后再反馈给自动化系统。医师、护士通过医生工作站、护士工作站在 HIS 中下达或执行检验医嘱。LAS 再将检验项目信息分别上传给不同的检测系统，并将子标本分注信息传送到分注单元。子标本到达各检验仪器，仪器分析后将结果通过各仪器的 LIS 接口传送回 LAS，LAS 再将结果回传给 LIS。检验科工作人员在工作站上审核各结果，然后将结果传送到 HIS，供医师、护士查阅。从图 11-3 中可以看到，样本标本号（条形码）在 HIS、LIS、LAS 三者间的通信中起着桥梁作用。

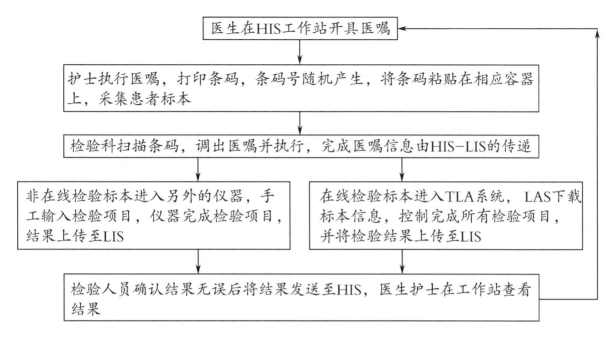

图 11-3　HIS-LIS-LAS 间通信流程

二、条形码在自动化系统中的作用

条形码是一个高效识别工具,它通过数据库建立与标本信息对应关系。条形码具有双向通信功能,LIS 按照自动化分析仪通信协议上传相应标本的患者资料、检验项目、标本类型等;下载自动化分析仪的状态、标本分析状况、检测结果、通信情况等。利用条形码对样品、耗材等进行标记,再通过 LAS 上的识别设备对其进行快速、准确的识别,并协调相关控制设备的运行而实现自动化处理。

1. 条形码生成　医生在工作站中录入患者电子医嘱(门诊患者需挂号,通过门诊就诊卡录入),门诊患者通过刷卡交费,住院患者在护士执行医嘱时自动扣费。标本采集时护士工作站显示患者检验医嘱,系统自动生成唯一的数字条形码号,根据条形码上信息(患者基本资料、送检科室、接收科室、检验项目、标本采集量和容器、打印时间),分别粘贴不同容器,按照要求采集标本,或患者自己留取标本。

2. 条形码打印　条形码系统将收到的患者检验信息实时生成条形码,然后打印标签,粘贴到相应容器上再采集标本。打印条形码的不干胶选用厚度薄、黏性好、防静电处理的材料。贴标签不规范和贴错标签可以造成仪器条形码读不出和条形码人为差错的现象,需引起重视。

三、软件对 LAS 自动监控审核

LAS 可对系统状态进行自动化监控和处理。LAS 的工作效率非常高,样品量、数据量庞大,仅依靠人工进行数据监控和处理会影响实验检测速度。LAS 内部数据管理软件、中间层软件及 LIS 有对 LAS 的数据进行自动监控和审核功能。实验室也可依据自己的需求,个性化地设定各种监控审核条件,大部分数据可由系统自动审核,少量的异常数据交由人工处理,从而减轻工作量,同时保证审核的速度和质量。

1. 室内质控结果监控　可对线上各种分析仪器进行质控频率和失控规则进行设定,室内质控数据须在控才能对检测结果进行审核签发,从而保证结果准确可靠。

2. 血清质量监控　仪器自动采集的血清质量信息(溶血、脂血、黄疸)会对结果自动、人工审核提供相应的提示支持。

3. 对结果逻辑性进行监控　可设定不同项目间的逻辑关系和某项目测量极值范围,当超出设定范围时,系统会自动提示并拒绝自动审核。

4. 对患者历史结果对比监控　可对同一患者一段时间内的历史结果进行对比,如果超出设定许可偏离范围,系统会自动提示并拒绝自动审核。

5. 对检验结果回报时间(TAT)监控　通过 LAS 和 LIS 的紧密数据交流,可对样本处理节点进行实时监控,从而对 TAT 进行监控。对于各种原因导致的 TAT 超时都会给予警告甚至直接指明原因。

第四节　实验室自动化系统使用与维护

一、实验室自动化系统使用

LAS 是整合了各个分析检测系统,为检测系统提供样本前、后处理的流水线系统的操作,因品牌不同而略有差别,一般有以下几个关键步骤:

1. 开机　依次打开稳压电源、各分析仪器电源、流水线电源,仪器自检通过后进入待机的工作状态。

2. 测试前准备　包括以下步骤。

(1)分析仪器准备:按各分析仪器的要求进行相应的保养维护、废弃物丢弃、试剂及耗材更换、标准曲线校准、质控检测等工作,使其处于良好状态,为检测工作做好准备。

(2)流水线准备:确认样本投入区、样本输出区放有样本架(盘);从样本输出区移去所有的样本管;检查各模块轨道有无异物以防止阻塞发生,检查并丢弃废弃物存储区的废物；检查机械手状态、检查清洁条码打印机；检查添加条码纸，检查添加分杯管、TIP 头等耗品。

（3）检查确认各分析仪器是否在线，LAS 和 LIS 连接是否正常。有问题的模块标记为离线状态以免影响整个 LAS 运行。

3. 测试　将已核收确认的样本置于投入口模块的进样缓冲区，按"开始"键，系统会自动进行进样、识别、分类、离心、开盖、分杯、检测、复测、存储等工作。线下项目的标本、无法识别的标本、出错的标本、存储到期的样本会自动送至输出模块的指定位置，转由人工或线下设备处理。

4. 结果输出　系统会自动收集、显示各检测系统的数据，可按照设定的审核规则进行自动审核，无法通过自动审核结果转由人工进行处理审核。

5. 样本存储和复检　样本会自动存储于在线冰箱中，选中要复检的标本及复检项目后，系统会自动进行复检，到期样本可送至输出模块。

6. 关机　关机分为系统关闭和日常关闭，一般情况下只需执行日常关闭即可。关机前各检测系统和流水线做相关的关机前保养，再执行相应的关机程序。

二、实验室自动化系统维护

维护是保证实验室自动化系统正常运行及延长仪器使用寿命的重要保证，不同厂家的实验室自动化系统都有各自维护保养要求，必须严格按照要求完成所有维护保养工作。一般包括日维护、周维护、月维护、季度维护和年度维护。所有的维护保养程序必须在系统所有模块均处于停止模式下才能进行，季度维护和年度维护是由厂家工程师完成。

1. 每日维护　清理样本处理器，保持清洁；检查并确认所有模块轨道并保持通畅；清理离心机样品仓，确保没有异物；检查样品贮存器温度等。

2. 每周维护　检查并清洗轨道；检查并清洗机械传送臂；清洗每个条形码读取器和光学传感器等。

3. 每月维护　彻底清洁轨道，检查传送带是否异常、清洁风扇、检查并维护离心机等。

第五节　实现全实验室自动化系统的意义及需注意的问题

临床实验室全自动化系统实现了临床实验室现代化的新飞跃，它已成为 21 世纪临床实验室诊断技术自动化、智能化、信息网络化标志。

一、实现全实验室自动化系统的意义

1. 提升快速回报结果能力　单纯引进分析设备,会造成分析速度加快而报告时间滞后的情况。只有实现全实验室自动化,达到样品采集、处理、分析、报告等所有环节协调一致才能保证最终为临床提供最为及时、可靠的报告。

2. 将检验报告误差降到最少　质量是临床检验工作的根本。在要求临床检验工作质和量同时提高的情况下,对误差来源必须给予重视和加以分析。

3. 全面提升临床检验管理质量　LAS 是将现代化管理与计算机技术紧密结合的产物,用自动化科学管理模式代替手工式管理模式将极大地提升医院花巨资投入的检验设备价值和效益。

4. 提高实验室生物安全性　标本从送样、离心、分杯、检测、复查及保存等均在流线上通过自动化完成,有效地避免了标本对操作者的污染机会。

5. 工作流程再造与管理　调整工作流程及检验工作的管理模式,便于自动化流水线的日常操作、检验、仪器维护与检验结果的质量管理。

6. 节约人力资源和卫生资源　LAS 系统的应用可有效实现临床实验室资源重组和利用,在某种程度上减少检验仪器重复购置,节约成本。

二、实验室自动化系统需注意的问题

实验室自动化系统虽然为检验工作带来了巨大的便利,但在具体应用过程中也要注意一些问题。

1. 引进自动化系统必须根据实际情况合理配置,必须考虑医院和实验室的规模以及经济承受能力等因素,避免过度超前浪费,更要避免选用的仪器不能适应医院发展需要。

2. 要考虑自动化系统工作过程中的瓶颈问题,比如说高峰期样本离心速度赶不上检测速度,建议高峰时采用线下离心方式加以补充。

3. 要注意标本质量,特别是标本量对 LAS 的应用效果的影响,还有条形码打印和粘贴质量影响也较大,应对护士等标本采集人员专门进行采集知识培训。

4. 要合理设定各种复检、自动审核等规则。确保需人工审核的异常结果能及时发现而保证检验的质量,另一方面能最大限度地发挥自动化简便、快速的优势。

本章小结

　　实验室自动化系统又称为全实验室自动化，是为了实现临床实验室内一个或几个检测子系统的整合，将同一厂家或不同厂家相互关联或不关联的自动分析仪器以及分析前和分析后的实验室处理装置，通过自动化输送轨道和信息网络进行连接，形成流水作业，构成全自动化流水线作业环境，覆盖整个检验过程，形成大规模全检验过程自动化。临床实验室全自动化系统实现各部门一体化、工作人员技术多面化；所需人力资源和花销减少，效率提高；所用的标本量减少，有利于患者；自动化程度高，操作误差小；更快地处理标本，回报结果能力增强；促进实验室操作规范化；安全性和整个过程的控制更好；可全面提升临床检验的管理等优点。

（王　婷）

思考与练习

简答题：

1. 简述实验室自动化系统发展的三个阶段。
2. 简述 LAS 基本组成。
3. 简述条形码技术的优点。
4. 简述实现全实验室自动化的意义。

思维导图

第十二章 ｜ 拓展

12章 数字资源

学习目标

知识目标：

了解全自动 DNA 测序仪、全自动蛋白质测序仪、基因芯片检测系统、色谱仪和质谱仪的检测原理、基本结构、维护与常见故障判断及临床应用。

能力目标：

知晓全自动 DNA 测序仪、全自动蛋白质测序仪、基因芯片检测系统、色谱仪和质谱仪使用。

素质目标：

1. 具有一定职业热情和专业自信；通过理论知识和实践技能学习，具备一定分析和解决实际问题的能力。
2. 弘扬关爱生命健康和无私奉献的精神，培养学生实事求是、吃苦耐劳、精益求精的工匠精神，并能够在不断学习与反思中提升知识、技能掌握的深度和广度。

第一节 全自动 DNA 测序仪

核酸是控制生命过程的重要大分子，其结构或功能异常是导致遗传性疾病或遗传相关性疾病的主要因素或相关因素，是生命科学研究的主要对象。核酸分子携带生命活动的全套信息，核苷酸的线性排列构成它的一级结构。阐明核酸结构特别是 DNA 核苷酸排列顺序是认识基因结构和功能的基础。DNA 序列分析是遗传工程的重要技术之一，在基因表达、结构与功能的研究中必不可少。

一、全自动 DNA 测序仪检测原理

全自动 DNA 测序仪,是检测 DNA 片段的碱基顺序、种类和定量的自动化仪器。

DNA 测序仪的检测原理目前常划分为三个时代测序技术。从 1977 年 Maxam 和 Gibert 发明的化学降解法,同年 Sanger 发明的双脱氧链终止法(即至今仍有应用的 Sanger 测序法),我们称之为第一代测序技术。到 20 世纪 90 年代时,荧光自动测序技术开始用荧光替代 Sanger 法中的放射性核素,随着计算机技术、仪器制造和分子生物学研究的迅速发展,发明了自动 DNA 测序仪,我们称其为第二代测序技术。DNA 片段分离和检测、数据采集分析均由仪器自动完成,由于其具有操作简单、安全、快速、准确等特点,因此迅速得到了广泛应用。到 21 世纪初,下一代测序(NGS)技术相继出现并逐渐成熟,单分子测序的出现,2008 年全球第一台单分子测序仪的生产面世,我们称其为第三代测序技术。目前,第四代测序技术也初见端倪,即将应用于更加精确的 DNA 测序及分析研究。

(一)第一代测序技术

第一代测序技术主要基于化学降解法和双脱氧链终止法的原理,当今仍广泛使用的荧光自动 DNA 测序技术就是基于双脱氧链终止法衍生而来。

双脱氧链终止法测序技术的基本原理:双脱氧链终止法,也称为 Sanger 法。是利用了双脱氧核苷酸(ddNTP)能参与 DNA 复制,却因缺乏 2′ 端和 3′ 端羟基而终止 DNA 合成的特性。测定过程中,将待测样品(待测序列的单链 DNA)分为 4 份,每份在核酸聚合酶、引物、四种单脱氧核苷酸存在条件下复制或转录,向每份 DNA 合成反应体系中加入一定比例带有放射性核素标记的双脱氧核苷酸,只要双脱氧核苷酸掺入新合成 DNA 链中,该链即停止延长,链端掺入单脱氧核苷酸片段可继续延长。如此每管反应体系中便合成以共同引物为 5′ 端,以双脱氧核苷酸为 3′ 端的一系列长度不等的 DNA 链,这些 DNA 链已知的 2′ 端和 3′ 端的碱基即为该双脱氧核苷酸所含的碱基,即 DNA 链的终端已知。通过电泳法从下往上进行读序分辨出长短不同的序列(DNA 链),再看看序列对应的添加材料是哪一种,就能按照序列的长短来确定相应的脱氧核苷酸位置,从而确定待测分子的 DNA 序列。

(二)第二代测序技术

第二代测序技术基本是利用荧光染料作为标志物,其替代了具有放射性危害和背景高等缺点的放射性核素,我们一般称其为荧光染料标记法,该标记法又分为单色荧光标记法和多色荧光标记法。两种标记法掺入方式分别包括荧光标记引物法和荧光标记终止底物法两种。第二代测序技术荧光染料标记法的核心原理是经过文库制备、PCR 扩增和荧光信号分析完成。

(三)第三代测序技术

第三代 DNA 测序技术和前两代相比,它们最大的特点就是可以实现单分子测序,测序过程无须进行 PCR 扩增,在对于那些稀有样品的测序方面具有无可替代的优势。

常见的第三代测序技术包括 Helicos 公司的 Heliscope 测序技术、Pacific Biosciences 公司的 SMRT 测序技术、Oxford Nanopore Technologies 公司的纳米孔单分子测序技术,这些技术具体原理不同,但它们均具有单分子测序特点,即样品无须提前扩增,对单链 DNA 边合成边测序,读长更长,后期数据处理更加方便。

二、全自动 DNA 测序仪结构与功能

目前使用的全自动 DNA 测序仪都是通过凝胶电泳技术进行 DNA 片段分离。根据电泳方式不同又分为平板型电泳和毛细管型电泳两种仪器类型。平板型电泳的凝胶灌制在两块玻璃板中间,聚合后厚度一般为 0.4mm 或更薄,因此又称为超薄层凝胶电泳。毛细管电泳技术是将凝胶高分子聚合物灌制于毛细管中(内径 50~100μm),在高压及较低浓度胶的条件下实现 DNA 片段的快速分离。不同类型全自动 DNA 测序仪的外观有所差异,但基本结构大致相同。

以 Applied Biosystems Inc 3730/3730xl DNA Analyzer(以下简称 ABI 3730)为例,介绍全自动测序仪基本结构和功能。ABI 3730 测序仪主要由主机、计算机和各种应用软件等组成。

1. 主机　主要包括电泳系统、激光器和荧光检测系统等。大致可分为以下几个结构功能区:

(1)自动进样器区:装载有样品盘、缓冲液槽(装有阴极电解质)、阳极缓冲液杯、水槽和废液槽。自动进样器受计算机程序控制进行移动,阳极缓冲液杯和毛细管固定不动,其他操作如毛细管从样品盘中取样,毛细管在阴极缓冲液槽、水槽、废液槽中的相对移动均靠自动进样器的移动来完成。电极能够为电泳提供稳定的高电压差,测序过程中正、负极之间的电势差可达 15 000V,如此高的电势差可促进 DNA 分子在毛细管中快速泳动,达到快速分离不同长度 DNA 片段的目的。样品盘有 96 孔和 384 孔两种,可一次性连续测试 96 个或 384 个样本。

(2)凝胶灌装区:包括注射器驱动杆、进样器按钮、泵胶块、缓冲液阀、玻璃注射器、毛细管固定螺母、废液阀等部件。注射器驱动杆的作用是提供正压力,将注射器内凝胶注入毛细管中,在分析每一个样品前,泵自动冲掉上一次分析用过的凝胶,灌入新凝胶;进样器按钮的作用是控制自动进样器进出;泵胶块的作用是泵入凝胶并将其灌入毛细管;正极缓冲液阀的作用是当注射器驱动杆下移时,将泵内凝胶压入毛细管,缓冲液阀关闭,防止胶进入缓冲液中,电泳时,此阀打开,提供电流通道;玻璃注射器的作用是储存凝胶高分子聚合物以及在填充毛细管时提供必要的压力;毛细管固定螺母用于固定毛细管;废液阀的作用是在清洗泵胶块时控制废液流。凝胶灌装区结构示意图见图 12-1。

（3）检测区：检测区内有激光检测器窗口及窗盖、加热板、毛细管、热敏胶带。激光检测器窗口及窗盖的作用主要是：激光检测器窗口正对毛细管检测窗口，从仪器内部的氩离子激光器发出的激光可通过激光检测器窗口照到毛细管检测窗口上。电泳过程中，当荧光标记DNA链上的荧光基团通过毛细管窗口时，受到激光激发而产生特征性荧光光谱，荧光经分光光栅分光后投射到CCD摄像机上同步成像。窗盖起固定毛细管的作用，同时可防止激光外泄。加热板在电泳过程中起加热毛细管的作用，一般维持在50℃。毛细管是填充有凝胶高分子聚合物的细管，直径为50μm，电泳时样品在毛细管内从负极向正极泳动。热敏胶带可将毛细管固定在加热板上。

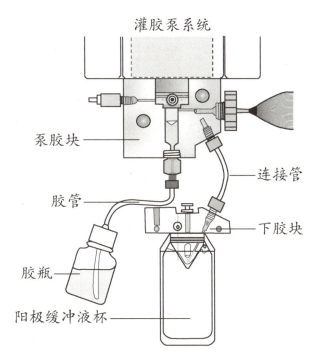

图 12-1　凝胶灌装区结构示意图

2. 微型计算机和应用软件　包括数据收集软件、DNA序列分析软件及DNA片段大小扫描和定量分析软件，控制主机运行，并对来自主机的数据进行收集和分析。设置测序条件（样品的进样量，电泳的温度、时间、电压等），同步监测电泳情况并进行数据分析，实验结果的打印、输出。图12-2是某台全自动DNA测序仪的结果展示［该图结果为del（1：167292303-199946341），提示该样本在1q24.2q32.1存在32.7Mb的缺失］。

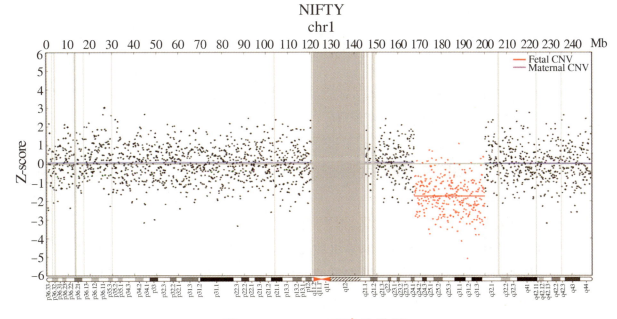

图 12-2　DNA测序结果图

三、全自动 DNA 测序仪使用、维护与常见故障判断

（一）全自动 DNA 测序仪使用

全自动 DNA 测序仪的使用操作流程，以 ABI 3730 为例。

1. 仪器准备 ①开机：先开计算机，再开测序仪，最后开软件；②安装毛细管；③更换 POP 胶；④更换缓冲液及去离子水。

2. 空间定位 ①打开软件；②选择相应菜单栏；③点击开始按钮开始定位。

3. 光谱校正 ①选取试剂；②准备样品；③创建光谱校正；④设置光谱校正板；⑤载入光谱校正板；⑥运行光谱校正。

4. 软件设置 ①DNA Sequencing 软件设置；②Fragment Analysis 软件设置。

5. 运行仪器 ①样品准备；②样品板载入；③测序仪运行。

6. 打印报告 分析数据，打印测序图谱。

7. 关闭仪器 先关软件，再关测序仪，最后关计算机。

（二）全自动 DNA 测序仪维护

全自动 DNA 测序仪应遵循每次实验前、每日、每周、每月和必要时这 5 个周期进行常规维护。以 ABI 3730 为例。

1. 每次实验前 确认 Buffer/Water/Waste 槽中有足够的缓冲液和水；确认样品板正确组装；确认样品板牢靠平整地放入样品舱；检查阳极缓冲液杯中缓冲液的量，确认其溢液孔畅通且面朝仪器前方；更换 Buffer/Water/Waste 槽中的缓冲液和水，确认槽外围是干燥的；检查泵胶块、下胶块、连接管、胶管和各通道中的气泡，使用 Bubble Remove 向导去除气泡；检查毛细管的取样末端，确认其未损坏；检查胶瓶中的胶，确认有足够的胶完成实验。

2. 每日 检查泵胶块和下胶块，确认其未松动；清洁仪器表面；检查毛细管旋钮，连接管螺帽和阀门。

3. 每周 使用 Change Polymer 向导更换 POP7 胶；更换灰色橡胶垫（septa）；检查临时存的毛细管的存储条件；冲洗水密封环。

4. 每月 运行 Water Wash 向导，不管有无气泡，冲洗毛细管端口。

5. 必要时 清洁漏液托盘；更换毛细管；使用去离子水润湿的无纤维布，去除毛细管末端已经干燥的凝胶。

（三）全自动 DNA 测序仪常见故障判断

1. 毛细管电泳型 DNA 测序仪的常见故障

（1）电泳时仪器显示无电流：最常见的原因是电泳缓冲液蒸发使液面降低，而未能接触到毛细管两端（或一端）。其他可能原因包括电极弯曲而无法浸入缓冲液中、毛细管未浸入缓冲液中、毛细管内有气泡等。因此，遇到此类问题时，应首先检查电极缓冲液，然

后再检查电极和毛细管。

（2）电极弯曲：主要原因是安装、调整或清洗电极后未进行电极定标操作就直接执行电泳命令，电极不能准确插入各管中而被样品盘打弯。其他如运行前未将样品盘归位或虽然执行了归位操作，但 X/Y 轴归位尚未结束就运行 Z 轴归位等情况，也容易将电极打弯。

（3）电泳时产生电弧：主要原因是电极、加热板或自动进样器上有灰尘沉积，此时应立即停机，并清洗电极、加热板或自动进样器。

（4）其他：测序结束后应将毛细管负极端浸在蒸馏水中，避免凝胶干燥而阻塞毛细管。定期清洗泵块，定期更换电极缓冲液、洗涤液和废液管。

2. 平板电泳型 DNA 测序仪常见故障

（1）电泳时仪器显示无电流：①电泳缓冲液配制不正确；②电极导线未接好或损坏；③正极或负极铂金丝断裂；④正极或负极胶面未浸入缓冲液中。

（2）传热板粘住胶板：主要原因为上方缓冲液室漏液。此时应将上方缓冲液倒掉，并卸下缓冲液室，松开胶板固定夹，将传热板顺着胶板向上滑动，直至与胶板分开。清洗传热板，同时检查缓冲液室漏液的原因，并采取相应措施，防止漏液。

（3）其他：①倒胶前应按照操作要求认真清洗玻璃板，用未清洗干净的胶板倒胶时易产生气泡，或者产生较高的荧光背景；②配制凝胶时应注意胶的浓度、四甲基乙二胺（TEMED）含量、尿素浓度等，并注意防止其他物质（尤其是荧光物质）的污染；③倒胶时需注意不能有气泡，用固定夹固定胶板时，四周的力度应均匀一致；④将待测样品加入各孔前，应使用缓冲液冲洗各孔，把尿素冲去，以免影响电泳效果。

四、全自动 DNA 测序仪临床应用

全自动 DNA 测序仪的应用包括 DNA 测序和 DNA 片段分析两个方面。DNA 测序方面的应用主要是全基因组测序、PCR 克隆测序验证、突变体检测、新基因测序、系统发育及物种鉴定；DNA 片段分析即基因分型，主要用于个体识别、亲缘鉴定、SNP 关联分析、T 细胞和 B 细胞克隆化研究、疾病诊断等方面。临床应用方面主要包括遗传性疾病诊断、基因多态性或基因突变检测、HLA 型别鉴定、病毒基因分型等。

第二节　全自动蛋白质测序仪

蛋白质是由各种氨基酸按一定顺序以肽键相连而形成的肽链结构。蛋白质（或肽链）序列就是指肽链中氨基酸的排列顺序，即蛋白质的一级结构。通常从左至右表示肽链从氨基酸 N 端（氨基端）到 C 端（羧基端）。蛋白质一级结构的研究是揭示生命本质、了解蛋白质结构和功能的关系、研究酶的活性中心和蛋白质多级结构、探索分子进化及遗

传变异等的基础,也是基因工程中研究基因克隆、表达及 DNA 序列分析的重要内容。因此测定其氨基酸序列具有十分重要的意义。

全自动蛋白质测序仪实际上是执行并沿用全自动化的 Edman 化学降解反应和游离氨基酸的分离与鉴定过程。随着计算机技术、色谱技术及机器制造工艺的发展,现在的蛋白质测序仪可以对皮摩尔(pmol)级的微量蛋白质进行测序分析。本节对蛋白质测序仪的工作原理、结构、功能和临床应用进行简单介绍。

一、全自动蛋白质测序仪工作原理

全自动蛋白质测序仪主要检测蛋白质的一级结构,即肽链中的氨基酸序列,其原理包括有三种。

(一)Edman 降解测序法

蛋白质测序仪主要检测的是蛋白质一级结构(氨基酸序列),其基本原理沿用 Edman 化学降解测序法。该方法在弱碱条件下,多肽链 N 端 NH_2 与异硫氰酸苯酯(PITC)反应,生成苯异硫甲氨酰肽(PTC- 多肽)。这一反应在 45~48℃进行约 15min 并用过量试剂使有机反应完全。在无水强酸如三氟乙酸(TFA)的作用下,可使靠近 PTC 基的氨基酸环化,肽链断裂形成噻唑啉酮苯胺(ATZ)衍生物和一个失去末端氨基酸的剩余多肽。剩余多肽链可以进行下一次以及后续的降解循环。如此不断循环,可依次使多肽链的氨基酸逐一降解,形成 ATZ 衍生物。ATZ 衍生物经水溶酸处理转化为稳定的乙内酰苯硫脲氨基酸(PTH),应用高效液相色谱法(HPLC)分析氨基酸种类,由计算机还原蛋白质中的氨基酸序列。

上述降解循环的偶联和环化发生在测序仪的反应器(筒)中,转化则在转化器进行。转化后的 PTH 氨基酸经自动进样器注入高效液相色谱仪进行实时检测。根据 PTH 氨基酸的洗涤滞留时间确定每一种氨基酸。蛋白质测序流程如图 12-3 所示。

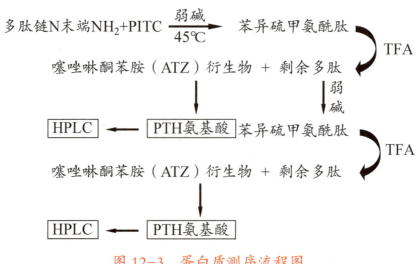

图 12-3　蛋白质测序流程图

（二）基于 PCR 扩增的蛋白质测序法

利用细胞中表达的 DNA 或者 RNA 进行基因测序，然后再按照氨基酸密码子表转换为蛋白质的氨基酸序列，本质上属于基因测序技术。

（三）基于质谱的蛋白质测序法

基于质谱的蛋白质测序法的策略可分为两大类：自上而下策略（top-down）和自下而上（bottom-up）策略。自上而下的策略无须对蛋白质进行降解，直接使用液相色谱－质谱联用技术对完整蛋白质进行分析，根据谱图中碎片离子确定其序列；自下而上策略是先将蛋白质水解成肽段，通过液相色谱－质谱联用技术对肽段检测，再对肽段从头测序以及序列拼接从而得到完整蛋白质序列。

二、全自动蛋白质测序仪结构与功能

全自动蛋白质测序仪包括测序反应系统、氨基酸分析系统和数据处理系统。

1. 测序反应系统　测序反应系统具有 4 个微管，每周期能测序 20 个或更多的蛋白质。系统的主要部件为反应器，反应条件要求一定的温度、时间、液体流量，由计算机调节控制这些因素，能够自动化操作，甚至遥控操作。蛋白质或多肽在这里被水解为单个氨基酸残基。

2. 氨基酸分析系统　氨基酸分析系统是由十分精致的高效液相色谱毛细管层析柱组成，色谱是整个测序最为关键的一步。层析条件要求也相当严格，液体分配速度、温度、电流、电压都能影响层析结果。所以仪器要配有稳压、稳流、自动分配流速等装置。氨基酸通过这一系统会各自留下特征性吸收峰。

3. 数据处理系统　测序软件是根据氨基酸的层析峰来判断为何种氨基酸。依据测序实际需要，软件得以不断升级，且越来越简单、快速、准确。计算机系统同 DNA 测序系统一样直观、易于操作，它提供测序需要的运行参数、时间、温度、电压和其他的条件。除了上述主要部件外，在主件之外还有蛋白质或多肽纯化处理配件和整个测序必备的试剂和溶液。

三、全自动蛋白质测序仪使用、维护与常见故障判断

由于全自动蛋白质测序仪常见类型包括色谱仪和质谱仪，其使用、维护和常见故障判断的详细内容见本章第四节和第五节。现将共性情况陈述如下。

（一）全自动蛋白质测序仪使用

全自动蛋白质测序仪的使用流程如下。

1. 仪器准备　打开气阀，开泵，打开检测器和测序仪主机开关，等待检测器自检完毕后开启计算机；打开计算机操作软件，点击主菜单控制界面，按照操作指南准备测序前工作。

2. 固定样品　将蛋白质样品固定在玻璃纤维板上或将转印有蛋白质斑点的 PVDF 膜放置在反应器中。

3. 软件设置　样品名称、循环方法、循环数目、标准氨基酸、样品进样量等。

4. 运行仪器　调整 HPLC 系统到最佳状态，预做系列标准氨基酸循环，检查所有的 PTH 氨基酸是否得到基线分离，再启动测序程序开始序列分析。

5. 打印报告　分析数据，打印测序图谱。

6. 关闭仪器　先关软件，再关测序仪，最后关计算机。

（二）全自动蛋白质测序仪的维护

1. 流动相选择　采用与检测器相匹配且黏度小的"HPLC"级溶剂，经过蒸馏和 0.45μm 的过滤去除纤维毛和未溶解的机械颗粒等，经过 0.2μm 的过滤可除去有紫外吸收的杂质对试样有适宜的溶解度。避免使用会引起柱效损失或保留特性变化的溶剂。

2. 水的等级　需用纯化水，因为不纯物的存在会增加去离子水的吸光率，而纯化水中却去除了无机及有机污染物。装水的溶剂瓶要经常更换，连续几天不使用仪器时，要将管路用甲醇清洗。

3. 脱气　除去流动相中溶解或因混合而产生的气泡称为脱气。因为气泡会对测定结果产生一定的影响：泵中气泡使液流波动，改变保留时间和峰面积；柱中气泡使流动相绕流而使峰变形；检测器中出现气泡则使基线产生波动。因此，脱气可防止由气泡产生而引起的故障；可防止由溶解气体量的变动引起的检测不稳定度。

4. 分析柱　在使用新柱或长时间未用的分析柱之前，最好用强溶剂在低流量下（0.2~3ml/min）冲洗 30min；定期使用强溶剂冲洗柱子；使用缓冲盐后，先用水冲洗 4h 左右，再换有机溶剂（如甲醇）冲洗色谱柱和管路；净化样品；分离条件合适；不使用时盖上盖子，避免固定相干枯；使用预柱；避免流动相组成及极性的剧烈变化；避免压力脉冲剧烈变化。

5. 灯管　氘灯不能频繁开启，否则容易损坏。

（三）全自动蛋白质测序仪常见故障判断

全自动蛋白质测序仪的常见故障、原因及处理方法见表 12-1。

表 12-1　全自动蛋白质测序仪常见故障、原因及处理方法

故障现象	故障原因	处理办法
管路中不断有气泡生成	吸滤头堵塞	用 5%~20% 的稀硝酸超声波清洗，再用蒸馏水清洗
泵无法洗液或排液，流路不通	宝石球黏附于垫片	用针筒抽出口单向阀以产生负压，使宝石球与垫片分开 拆下单向阀，放入异丙醇或水中，用超声波清洗

故障现象	故障原因	处理办法
系统压力波动大	宝石球或塑料片受污染导致密封不好	拆下单向阀，放入异丙醇或水中，用超声波清洗
系统压力波动大或漏液	密封圈磨损而导致密封不良	更换密封圈
系统压力波动大或压力偏高	线路过滤器堵塞	5%稀硝酸超声波清洗
漏液	手动进样阀转子密封损坏	更换转子密封
载样困难	定量环堵塞或进样器污染	清洗或更换定量环、进样器
系统高压、峰型变差、保留时间变化	液相柱污染	正相柱用正庚烷、三氯甲烷、乙酸乙酯、丙酮、乙醇清洗；反相柱用甲醇、乙腈、三氯甲烷、异丙醇、0.05mol/L稀硫酸清洗
样品池和参比池能量相差较大	检测器样品池污染	用针筒注入异丙醇清洗样品池，如污染严重，拆开样品池，将透镜等放入异丙醇中超声波清洗

四、全自动蛋白质测序仪临床应用

1. 新蛋白质鉴定　在凝胶电泳中出现的未知条带可以利用蛋白质测序仪来测定其氨基酸序列，为探索蛋白质的功能提供线索。

2. 分子克隆探针设计　分子克隆探针设计是蛋白质序列分析的基本用途之一，可以用蛋白质序列信息设计 PCR 引物和寡核苷酸探针，利用这些探针进行 cDNA 文库或基因组文库筛选。

3. 人工合成多肽鉴定　在当前的细胞生物学、遗传学、分子生物学、免疫学及其他生命科学的研究过程中，合成多肽已成为一个必不可少的工具。人工合成多肽可以作为抗原制备抗体，也可以作为功能蛋白进行应用。人工合成的多肽需要经过氨基酸序列鉴定才能最后应用，使用蛋白质自动测序仪可以完成这项工作。

第三节　基因芯片检测系统

传统核酸印迹杂交技术操作繁杂、自动化程度低、操作序列数量少、检测效率低等，已经无法适应现代高通量的需求。20 世纪 90 年代，美国的一家生物公司发明了基因芯片，该技术是同时将大量探针固定于支持物上，所以可以一次性对样品大量序列进行检测和分析，从而解决了传统技术难题。

基因芯片属于生物芯片的其中一种，医学界也常常把基因芯片等同于生物芯片，这是因为目前该技术是比较成熟和在医疗领域应用最广泛的生物芯片。

一、基因芯片原理

基因芯片也称DNA芯片或DNA微阵列。基因芯片基于核酸分子碱基之间（A-T/G-C）互补配对原理，利用分子生物学、基因组学、信息技术、微电子、精密机械和光电子等技术将一系列短的、已知序列的寡核苷酸或cDNA探针固定排列在特定的固相表面构成微阵列，然后将标记的样品分子与微阵列上的DNA杂交，以实现对多到数万个分子之间的杂交反应，并根据杂交模式构建目标DNA的序列，从而达到高通量大规模地分析检测样品中多个基因的表达状况或者特定基因分子是否存在的目的。

根据基因芯片的基因种类、制备方法、载体材质和传感功能等分为不同种类。以载体上的基因种类区分为寡聚核苷酸芯片、cDNA芯片和基因组芯片等；以制备方法区分为原位合成芯片和直接点样法芯片等；以载体材质区分为玻璃芯片、膜芯片、硅芯片和陶瓷芯片等；以生物传感功能区分为光学纤维阵列芯片和白光干涉谱传感芯片等；以元件结构区分为生物电子芯片、药物控释芯片和凝胶元件微阵列芯片等；以反应通道区分为PCR扩增芯片、集成DNA分析芯片、毛细管电泳芯片和毛细管电层析芯片等；以应用范围区分为表达谱芯片、诊断类芯片、SNP分析芯片、药材物种鉴定芯片和DNA测序芯片等。其原理如图12-4所示。

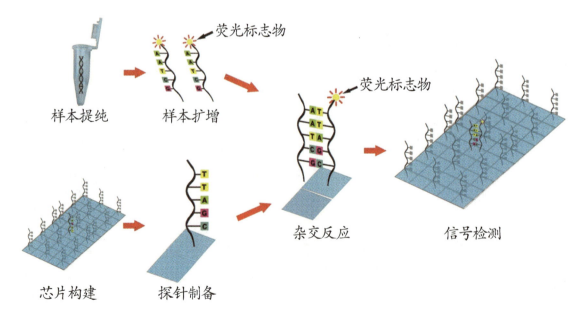

图 12-4　基因芯片示意图

二、基因芯片检测系统结构与功能

21世纪初时，基因芯片检测系统一般由条码阅读器、杂交仪、孵育箱、扫描仪器和计算机工作站等组成。21世纪20年代以来，基因芯片检测系统已经发展为集扩增、杂交、显色和读片功能于一台机器，实现名副其实的全自动一体机。无论是多仪器组成的系统，还是全自动一体机，可将其分为四个结构功能区。

1. 芯片制备区　该区是制备基因芯片的区域。目前制备芯片主要以玻璃片或硅片为载体，采用原位合成和微阵列的方法将寡核苷酸片段或cDNA作为探针按顺序排列在载体上。芯片的制备除了用到微加工工艺外，还需要使用机器人技术，以便能快速、准确地将探针放置到芯片上的指定位置。

2. 样品制备区　该区是将样品进行提纯、扩增和标记的区域。生物样品往往是复杂的生物分子混合体，除少数特殊样品外，一般不能直接与芯片反应，有时样品量很小。所以，必须将样品进行提取纯化、扩增，获取其中的蛋白质或DNA、RNA，然后用荧光标记，以提高检测灵敏度和使用者安全性。

3. 杂交反应区　该区是荧光标记的样品与芯片上的探针进行反应，产生一系列信息过程的区域。杂交反应是提高芯片在实际应用中的准确性的关键步骤之一。选择合适的杂交反应条件能使生物分子间反应处于最佳状况中，减少生物分子之间的错配率。该条件的构建要根据芯片的实际情况进行最优化。

4. 信号检测和结果分析区　该区是利用扫描仪器检测杂交后的信号和利用计算机工作站对扫描结果分析的区域。杂交反应后的芯片上各个反应点的荧光位置、荧光强弱经过芯片扫描仪和相关软件可以分析图像，将荧光转换成数据，即可以获得有关生物信息。荧光检测方法主要为激光共聚焦荧光显微扫描和电荷耦合元件（CCD）荧光显微照相检测。前者检测灵敏度、分辨率均较高，但扫描时间长；后者扫描时间短，但灵敏度和分辨率不如前者。芯片杂交图谱的多态性处理与存储都由专门设计的软件来完成。一个完整的基因芯片配套软件应包括生物芯片扫描仪的硬件控制软件、生物芯片的图像处理软件、数据提取或统计分析软件，芯片表达基因的国际互联网上检索和表达基因数据库分析和积累。

三、基因芯片检测系统使用、维护与常见故障判断

（一）基因芯片检测系统的使用

目前，国内基层医疗机构的基因芯片检测系统，一般还是由多仪器构成的系统为主，因此，下面讲述由条码阅读器、杂交仪、孵育箱、扫描仪器和计算机工作站等组成的系统的

使用流程。

1. **仪器准备** 先开计算机工作站,再开条码阅读器、杂交仪、孵育箱、扫描仪等,最后开启相应软件。

2. **制备芯片和样品** 支持物预处理,制作芯片,样品提取纯化,扩增,探针合成与标记等。

3. **运行杂交仪** 芯片装载于芯片槽内,设置反应温度和时间等。

4. **运行孵育箱** 对杂交后的芯片冲洗和染色等。

5. **运行扫描仪** 显微镜检测,扫描芯片和数据分析。

6. **打印报告** 分析数据,打印检测图谱。

7. **关闭仪器** 先关软件,再关各仪器,最后关计算机。

(二)基因芯片检测系统维护

目前,基因芯片检测系统是以由多台仪器构成的系统为主,因此其维护方法涉及多台仪器。但其中聚合酶链反应基因扩增仪是日常维护中的主要对象,其维护方法见第九章第二节。

(三)基因芯片检测系统常见现象判断

基因芯片检测系统中,常见杂交结果出现问题,因此杂交结果对应不同步骤或仪器进行处理。基因芯片杂交结果常见现象见表12-2。

表12-2 基因芯片杂交结果常见现象

现象	原因	处理办法
杂交点模糊、毛边	DNA浓度过高	降低DNA探针浓度进行芯片打印
	紫外交联时未能有效固化DNA	将紫外灯能量值调试至合适值;将打印好的芯片置80℃烤2~4h
	杂交时盖片移动	盖片放正避免其移动
	没有封闭或封闭不完全	用琥珀酸酐进行封闭
各点形状不规则	打印针头折断或弯曲	更换已弯曲的针头
	针头不干净	清洁打印针头
	针头打印点向上移动速度太快	减少针头从打印点向上移动的距离约25%
背景区出现荧光点	样品中掺入的荧光染料过多或过少(也会导致高背景或背景不均匀)	每份样品应含约20pmol/L的荧光染料;杂交前保证样品中核酸的特异活性达到平均每25~50个核苷酸含1个染料分子

现象	原因	处理办法
	样品核酸的荧光衰减	荧光染料和已标记样品要避光保存
	操作时污染了手套上的粉尘	使用无粉尘手套
	芯片上沾染了空气中灰尘	在无尘工作橱或环境中操作
	未掺入样品的荧光染料在芯片上的非特异性结合	用PCR纯化试剂盒纯化标记样品,勿用0.5ml离心超滤装置
		杂交前样品充分热变性,保证cDNA裂成单链状态
高背景或背景不均匀	杂交时,盖玻片与芯片间出现气泡,气泡部位样品不能杂交	小气泡无须处理;倾斜芯片或盖玻片;采用疏水性(聚丙烯)盖玻片
	杂交后清洗不充分	每次清洗均用新鲜配制的溶液
	样品溶液中混有未结合荧光染料的核酸	PCR纯化柱使用前按说明进行酸化,勿用0.5ml离心超滤装置
	杂交时间过长	控制杂交时间在6~8h
	打印好的芯片保存不当	打印好而暂时不做杂交的芯片应立即置于专用盒中,铝箔密封,再放入干燥器中
出现异常杂交模式	与不同样品杂交的芯片在同一缓冲液和清洗液中清洗	不同样品杂交的芯片应单独清洗
盖片周围出现相同的强荧光信号	杂交时样品溢出	控制杂交时湿度;盖玻片放置准确;增加样品量

四、基因芯片检测系统临床应用

基因芯片检测系统可广泛应用于疾病诊断和治疗、药物筛选、农作物的优育优选、司法鉴定、食品卫生监督、环境检测、国防和航天等许多领域。尤其是在人类疾病诊断、治疗和防治方面,开辟全新的途径。

1. 基因表达水平的检测　用基因芯片进行的表达水平检测可自动、快速地检测出成千上万个基因表达情况。在人类基因组计划完成之后,科学界预测用于检测在不同生理、病理条件下人类基因表达变化的基因芯片诞生应该为期不远。

2. 基因诊断　从正常人的基因组中分离出DNA后将其与DNA芯片杂交就可以得出标准图谱。而从被检者基因组中分离出DNA与DNA芯片杂交就可以得出病变图谱。

通过比较、分析这两种图谱,就可以得出病变 DNA 信息。这种基因芯片诊断技术以其快速、高效、敏感、经济、平行化、自动化等特点,将成为一项现代化诊断新技术。

3. 药物筛选　如何分离和鉴定药物有效成分是目前中药产业和传统西药开发遇到的重大障碍,基因芯片技术能够从基因水平解释药物的作用机制,即可以利用基因芯片分析用药前后机体的不同组织、器官基因表达的差异。而且能够完成规模的筛选,使成本大大降低。这一技术具有很大的潜在应用价值。

4. 个体化医疗　临床上,相同剂量的同一药物对被检者甲有效,可能对被检者乙不起作用,而对被检者丙则可能有副作用。在药物疗效与副作用方面,被检者的反应差异很大。这主要是由于被检者遗传学上存在差异(单核苷酸多态性,SNP),导致对药物产生不同的反应。如果利用基因芯片技术对患者先进行诊断,就可对被检者实施个体优化治疗。另一方面,在治疗中很多同种疾病的具体病因是因人而异的,用药也应因人而异。

5. 测序基因芯片　利用固定探针与样品进行分子杂交产生的杂交图谱而排列出待测样品序列,这种测定方法快速而前景看好。Markchee 等用含 135 000 个寡核苷酸探针的阵列测定了全长为 16.6kb 的人线粒体基因组序列,准确率达 99%。

6. 日常检验　诊断测试的芯片化芯片并非分子生物学专用技术,只要解决检测的灵敏度和由此带来的重复性问题,芯片可以广泛程度上替代临床检验诊断的日常工作,不仅能达到自动化、微量化目的,还能同时检测多个项目,提高效率,并使实验室小型化。

第四节　色　谱　仪

色谱仪器是近几十年来迅速发展起来的一类新型分离分析仪器,主要用于复杂的多组分混合物的分离、分析。其实质是利用色谱分离技术再加上检测技术,对混合物进行先分离后检测,从而实现对多组分的复杂混合物进行定性、定量分析。气相色谱仪见图 12-5,液相色谱仪见图 12-6。

图 12-5　气相色谱仪

图12-6 液相色谱仪

一、色谱仪分类与基本结构

（一）色谱仪分类

色谱仪具有多种分类标准,可根据分离目的分为实验室色谱仪和工业色谱仪;根据流动相的物理状态分为气相色谱仪、液相色谱仪和超临界流体色谱仪;根据色谱柱的形状分为填充柱色谱仪、毛细管色谱仪和平板色谱仪;根据分离原理分为吸附色谱仪、分配色谱仪、离子色谱仪、凝胶色谱仪和生物亲和色谱仪等。但日常工作中常被划分为气相色谱仪和液相色谱仪。

（二）色谱仪基本结构

1. 气相色谱仪　通过以气体为流动相进行色谱分析的方法,用于分离、分析易挥发性物质的仪器。主要由以下几个部分构成:

（1）载气系统:包括气源、气体净化器和气路控制系统。载气作为气相色谱仪使用的流动相,原则上只要非腐蚀性的,且对样品分析无影响的气体都可以作为载气使用,常用的载气有氦气、氮气、氢气和氩气等。

（2）进样系统:包括载气预热器、进样器和气化室。载气预热器是一种可以给载气加热的装置,主要是为了防止气化后的样品遇冷的载气而被冷凝下来,影响样品的分离;气化室的主要功能是引入样品后使试样瞬间气化;气体样品常用旋转式六通阀进样,进样量由定量管控制,稳定性较高。而液体样品一般采用微量注射器进样,重复性较差。

（3）分离系统:是气相色谱仪的"心脏",主要由色谱柱组成,而色谱柱又可分为填充柱和毛细管柱。填充柱是预先将固定相填充在金属或玻璃管中制成。而毛细管柱是用熔融二氧化硅拉制而成的空心管。通常情况下,相比填充柱,毛细管柱分离效率更高。

（4）检测器:主要功能是将已分离的各组分信息转变为电信号,用于鉴定和含量测量,被称为是色谱仪的"眼睛"。

（5）数据处理系统:目前多以工作站形式与色谱仪联用,通过自动化软件对色谱仪进行参数控制,对色谱数据进行处理。气相色谱仪的结构如图 12-7 所示。

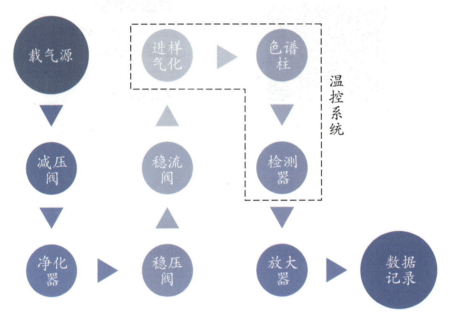

图 12-7　气相色谱仪的结构

2. 液相色谱仪　流动相为液体,根据固定相(液体或固体)的不同又可分为液－液色谱仪及液－固色谱仪。基本结构与气相色谱仪类似,但不需要载气系统。

液相色谱仪的结构如图 12-8 所示。

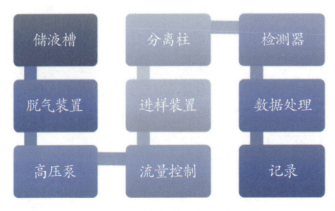

图 12-8　液相色谱仪的结构

二、色谱仪工作原理

基于混合样品中各组分物理和化学性质的差异,依据沸点、极性和吸附性质的不同,样品中的各组分会在流动相和固定相之间进行反复多次的分配或吸附/解附,最终形成分配或吸附的平衡。而在此过程中,流动相中分配浓度大的组分会优先流出色谱柱,固定相中分配浓度大的组分后流出。当各组分流出色谱柱后会立即进入检测器,将样品组分信息转变为电信号被记录下来形成色谱图。其中,电信号的大小与被测组分的量或浓度相对应,当没有组分流出时,色谱图的结果则反映检测器的本底信号,即色谱图的基线。其工作原理如图 12-9 所示。

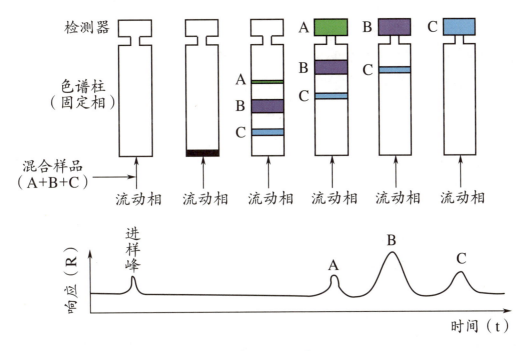

图 12-9　色谱仪工作原理图

三、色谱仪使用与维护及常见故障判断

(一)色谱仪使用

1. 气相色谱仪

(1)打开载气钢瓶总阀,调整输出压力使其稳定在 0.3~0.6MPa 之间。观察恒流阀压力稳定后,打开色谱仪和计算机电源开关。

(2)仪器自检完成后,打开工作站开关及计算机,点击桌面图标进入分析界面,依据检测项目设置相应柱箱初始温度、初始时间、升温速率、终止温度和终止时间,以及进样器和检测器的温度。

（3）点击点火开关，待基线稳定后进样品并同时点击"启动"按钮进行色谱数据分析。分析结束时，点击"停止"按钮，数据即自动保存。

（4）数据输出：按打印按钮计算机直接将当前色谱的谱图及数据打印出来。

（5）实验结束后，降温各热源，待温度降至设置温度后，退出工作站，关闭色谱仪电源，最后关闭载气。

2. 液相色谱仪

（1）根据检测需求选择不同的滤膜过滤流动相。

（2）对过滤后的流动相进行超声脱气 10~20min。

（3）打开电脑及工作站，连接好流动相管道，连接检测系统。

（4）进入液相色谱控制界面，选择 manual 进入手动菜单。

（5）调节流量，点击"injure"，选用合适的流速，点击"on"，绘制基线。

（6）点击 file，选取"select users and methods"，选择走样方式。走样方式包含：进样前的稳流时间，基线归零，进样阀的 loading-inject 转换和走样时间。

（7）进样，过滤所有样品。按照既定方法走完后，点击"post run"，对数据进行编辑。

（8）完成检测后先关计算机，再关液相色谱仪。

（二）色谱仪维护

气相色谱仪和液相色谱仪维护都是由专门的工作人员和厂家维修工程师进行维护。

（三）色谱仪常见故障判断

1. 气相色谱仪

（1）进样后无色谱峰：检测信号在进样前后无变化，输出始终为直线。需按照进样针－进样口－检测器的顺序逐一排查。

（2）基线：基线出现波动或漂移会增大测量误差，导致检测结果不准确甚至无法检测。应注意检查仪器配件是否有误，进样垫老化与否，检测器是否污染。

（3）峰缺失或假峰：检查气路是否污染和漏气，尝试空运行以及清洗气路，检查柱子是否老化进行排除。

2. 液相色谱仪

（1）柱压不稳：压力过高一般是由于流路堵塞，应该分段排查处理。压力过低一般由于系统泄漏引起，可逐一检查各接口密封性即可。若由于泵里进入空气导致压力不稳无法吸上液体，可打开排空阀进行冲洗，也可用专用针筒将气泡吸出。

（2）基线和保留时间出现漂移：一般仪器刚启动时，基线容易出现漂移现象，此时可平衡 0.5h 后再进行常规操作；若实验中出现基线漂移，则要进行逐一排查，如：柱温波动、流动相污染变质或由低品质溶剂配成、紫外灯能量不足、流动相的 pH 没有调节好等。而保留时间漂移则要考虑是否因温控不当、流动相比例变化、色谱柱没有平衡、流速变化等因素影响。

（3）峰型异常：通过改善条件来调整峰型，对异常峰要针对性地逐一调整。

四、色谱仪临床应用

（一）气相色谱仪

气相色谱仪的临床应用主要包括：人体微量元素的快速分析；体液中化合物种类及含量鉴定，如脂肪酸、氨基酸、甘油三酸酯、甾族化合物、糖类、蛋白质、维生素、巴比妥酸等；药物组成和含量分析和鉴定。

（二）液相色谱仪

液相色谱仪主要用于代谢物分析，包括：新生儿代谢性疾病筛选；药物组成和含量控制；药物治疗效果监测；核酸、氨基酸、酶、糖的分析；激素水平测定；微生物种类鉴定等。

第五节　质　谱　仪

质谱仪又叫质谱计，是按照离子的质荷比（m/z）不同，来分离不同分子量的分子，并测定分子量进行成分和结构分析的仪器（图12-10）。可广泛用于有机化学、生物学、地球化学、核工业、材料科学、环境科学、医学卫生、食品化学、石油化工等领域以及空间技术和公安工作等特种分析方面。

图 12-10　质谱仪

一、质谱仪分类与基本结构

（一）质谱仪分类

由于质谱仪结构复杂，各组分种类繁多，因此分类标准多样。依据应用特点的不同可分为：有机质谱仪、无机质谱仪、同位素质谱仪、生物质谱仪。

1. 有机质谱仪　目前有机质谱仪主要用于有机化合物的结构鉴定。不带电荷的有机化合物分子经电离作用形成带电离子，这些离子按质荷比（m/z 或 m/e）由小到大的顺序排列形成有机质谱，通过分子量、元素组成以及官能团等结构信息进行有机化合物的鉴别。目前有机质谱仪分为气相色谱-质谱联用仪（气相色谱-四极杆质谱仪、气相色谱-飞行时间质谱仪、气相色谱-离子阱质谱仪等），液相色谱-质谱联用仪（液相色谱-四极杆质谱仪、液相色谱-离子阱质谱仪、液相色谱-飞行时间质谱仪等），以及其他有机质谱仪（基质辅助激光解吸飞行时间质谱仪、傅里叶变换质谱仪）。

2. 无机质谱仪　无机质谱仪不同于有机质谱仪，主要用于无机元素微量分析等方面。包括火花源双聚焦质谱仪、激光探针质谱仪、辉光放电质谱仪、电感耦合等离子体质谱仪、二次离子质谱仪等。其中火花源质谱仪可对固体样品进行整体、表面和逐层分析；激光探针质谱仪可进行表面和纵深分析；辉光放电质谱仪能够分析元素周期表中绝大多数元素，具有分辨率高、灵敏度高和准确度高的特点；而电感耦合等离子体质谱仪的谱线简单易认。

3. 同位素质谱仪　同位素质谱仪较其他质谱仪具有测试速度快，结果精确，样品用量少（微克量级）的特点。由于其独特的分析平台与固定结合离子光学组件，配置较灵活，应用范围更广泛，它的主要作用原理是通过将无机或有机化合物转换成单纯气体后进行的质谱检测。可分为用于轻元素（H、C、S）同位素分析的小型低分辨率同位素质谱仪和用于重元素（U、Pu、Pb）同位素分析的具有较高分辨率的大型同位素质谱仪。

4. 生物质谱仪　生物质谱仪主要用于生物大分子测定，离子化的方式主要包括电喷雾电离与基质辅助激光解吸电离。电喷雾质谱仪采用四极杆质量分析器构成，可以与液相色谱、毛细管电泳等现代化的分离手段联合，用于药物代谢、临床和法医学等领域；而基质辅助激光解吸电离常用飞行时间作为质量分析器，对盐和添加物的耐受能力高，具有检测速度快，操作简便的优点。此外，还有离子阱质谱仪、傅里叶变换离子回旋共振质谱仪以及液相色谱-电喷雾-四极杆飞行时间串联质谱仪等。

（二）质谱仪基本结构

质谱仪的结构包括真空系统、进样系统、离子源、质量分析器、检测系统、数据采集系统和电子线路等（图 12-11）。真空系统的主要作用是降低背景和减少离子间或离子与分子间碰撞所产生的干扰（如散射、离子飞行偏离、质谱图变宽等），且残余空气中的氧还会烧坏离子源的灯丝,质谱仪的真空度一般保持在 $1.3 \times 10^{-4} \sim 1.3 \times 10^{-7}$Pa,特别是质量分析器要求高真空度。进样系统的目的是在保证真空度不降低的情况下,高效重复地将样品引入离子源中,根据是否联用外部设备分为直接进样和色谱进样,其中色谱进样主要用于液质联用或气质联用等仪器。而离子源作为样品检测的关键因素,根据待检样品的性状可分为电子电离源、场电离源、快原子轰击源、激光解吸源、电喷雾电离源、大气压化学电离源等。质量分析器是质谱仪的核心,依据不同的原理及功能可分为磁式分析器、四极杆分析器、离子阱分析器、飞行时间分析器等。目前常用的检测器有电子倍增器和光电倍增管。

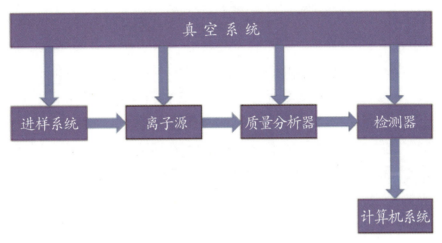

图 12-11　质谱仪的结构

二、质谱仪工作原理

质谱仪以离子源、质量分析器和离子检测器为核心。利用电磁学原理,使带电样品离子按质荷比进行分离的装置。待测样品中的离子化合物被激发／断裂成各种具有不同电荷和质量的碎片离子,这些碎片离子电离后经加速进入磁场中发生偏转,依据质量的差异被质量分析器分离,输出形成对应的质谱图,进行物质分子量和结构的鉴别和鉴定。其工作原理如图 12-12 所示。

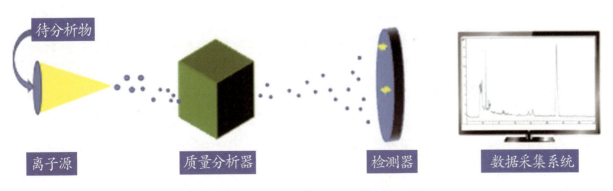

图 12-12　质谱仪的工作原理图

三、质谱仪使用与维护及常见故障判断

质谱仪是一种高精密度的仪器,只有科学正确地使用,才能发挥它的功能,延长其使用寿命。在使用时要加强维护才能使仪器保持长久良好的工作状态。

(一)质谱仪使用

1. 质谱仪开机顺序为:开气－开机械泵－开质谱仪电源,待真空度达标后才能开启分子涡轮泵和协调校正。每次开机都需要进行校正后才能使用质谱仪。

2. 与液相色谱联用时,流动相需要提前进行膜过滤,用于过滤的膜需要依据流动相性质进行有机膜或水膜的选择。另外,待测样品也需要过滤或者高速离心去杂质。

3. 磷酸盐和硼酸盐等难挥发的酸或盐不能用作流动相,与质谱联用建议使用甲酸、乙酸、甲酸铵、乙酸铵和氨水等作为流动相;由于洗洁精等表面活性剂在质谱检测中会造成背景噪声的干扰,因此清洗管道和器具时应尽量避免。

4. 根据离子源选择合适的液相方法,如电喷雾离子源一般采用 0.3~0.6ml/min,5μm,4.6mm×250mm 的常规 HPLC 分析柱,流速是 1ml/min,采用柱后分流的方式调整进入质谱的流量。根据进入质谱的流量和样品性质调整雾化气温度和雾化气流量。

5. 样品检测完成后,清洗管路后停泵,待离子源温度降低后再选择待机状态。

(二)质谱仪维护

1. 日常使用中有机溶剂会随检测样品进入机械泵,因此需要定期打开震气阀震气 20min 左右,也可根据检测量调整震气频率,建议一周一次。

2. 用无尘纸蘸 50% 甲醇水溶液擦拭离子源腔体、取样锥孔和挡盖,1 周 1 次。

3. 定期更换机械泵泵油,一般 6 个月更换一次,若泵油存在肉眼可见的杂质需要提前更换。更换泵油时应将泵油全部倒出后更换新的泵油,不同品牌的泵油不能混用。

4. 质谱内部清理和维护建议交给维修工程师负责,内部金属件可以用氧化铝粉来打磨,其他组件注意不要接触有机试剂,尤其是密封圈等。

(三)质谱仪常见故障判断

质谱仪常见故障主要分为供电系统、真空系统、通信系统三方面。

1. 供电系统　电源常见故障为保险丝损坏。陶瓷保险管 F11 为 220V 主电源保险管。根据相应部件出现的问题,检查保险管,保险管旁边都有 LED 灯,当保险管无故障时,该灯是闪亮的,有故障时 LED 灯不亮。

2. 真空系统　反常的大气的峰和背景压力的轻微上升表示仪器可能有轻微泄漏;灵敏度变差;稳定性变差;质谱仪停止工作,超出联锁值,有大的泄漏或硬件故障;真空计指示值变低或变高。

3. 通信系统　当质谱工作站通信异常时,会出现无法正常生成色谱图的问题,首先检查质谱仪状态,是否在非故障状态,A、B、C三流路流量开关是否正常,质谱仪是否在在线状态。

四、质谱仪临床应用

伴随质谱仪的更新换代,质谱技术的飞速发展,质谱仪凭借灵敏度和特异度高、检测时间短、可以实现多重检测、适用范围广等特点在临床检验工作中得到了广泛推广。目前主要的临床应用包括小分子检测中的应用、蛋白质多肽组学研究中的应用以及在基因检测中的应用等。

1. 小分子检测　可广泛应用于血液、尿液等样品中各种代谢小分子的检测,如药物、维生素、微量元素和重金属、类固醇类激素、肿瘤标志物、新生儿代谢性疾病的检测。

2. 蛋白质多肽的检测　通过获得临床微生物的蛋白谱进行微生物类别的鉴别诊断、病原微生物感染标志物的研究、黏多糖病诊断等。

3. 基因检测　基质辅助型的飞行时间质谱可以实现基因单核苷酸多态性、基因突变和DNA甲基化的检测。

> **本章小结**
>
> 本章作为拓展内容,介绍了近几年比较热门并在临床上已经广泛应用的五种更高端更精密的仪器,分别是全自动DNA测序仪、全自动蛋白质测序仪、基因芯片检测系统、色谱仪和质谱仪。学习了解这五种仪器的基本结构、工作原理、使用方法、维护与常见故障判断及临床应用,学习难点是它们的工作原理,学习重点是学会并掌握这五种仪器的使用方法。在学习过程中注意比较不同类型全自动DNA测序仪、全自动蛋白质测序仪、基因芯片检测系统、色谱仪和质谱仪的区别;在操作练习过程中理解临床常用DNA测序仪、蛋白质测序仪、基因芯片检测、色谱仪和质谱仪的原理和类型,会使用这五种仪器并能够进行日常维护,提高运用理论知识解决实际工作问题的能力。

（伍绍航　原发家）

思考与练习

简答题

1. 简述双脱氧链末端终止法测序原理。

2. 简要介绍全自动DNA测序仪的基本结构。

3. 简要说明全自动DNA测序仪检测区的基本结构及功能。

思维导图

4. 全自动 DNA 测序仪主要应用于哪些方面？

5. 简述全自动蛋白质测序仪的工作原理。

6. 简述全自动蛋白质测序仪的结构及其各部件的功能。

7. 简述全自动蛋白质测序仪的主要应用。

8. 蛋白质测序和 DNA 测序的基本原理有什么不同？

9. 气相色谱仪的主要组成部分有哪些？

10. 简述气相色谱仪和液相色谱仪的操作步骤。

11. 简述质谱仪的结构组成。

12. 简述质谱仪的使用。

附 录

教学大纲（参考）

一、课程性质

检验仪器使用与维护是中等卫生职业教育医学检验技术专业一门重要的专业核心课程,是完成检验专业课程学习的基础。随着检验仪器在临床的广泛应用,检验仪器的正确使用成为必须掌握的技能,这不仅是现代实验室医学的需求,也是检验技术人员必备的基本技能。按照课程设置要求,教学时数为 36 学时,教学内容包括绪论、常见实验室仪器、光谱分析相关仪器、血液分析相关仪器、尿液检验相关仪器、生物化学检验相关分析仪、免疫分析相关仪器、微生物检验相关仪器、细胞分子生物学技术相关仪器、即时检测技术相关仪器、实验室自动化系统及拓展(全自动 DNA 测序仪、全自动蛋白质测序仪、基因芯片检测系统、色谱仪及质谱仪)共十二章。本课程主要任务是通过临床检验仪器测定原理、仪器结构与分类、性能评价指标及仪器维护与简单故障处理的学习,使学生对检验仪器有明确的认知,为将来临床使用检验仪器打下扎实的基础。通过拓展内容使学生对先进检测设备有所了解。

二、课程目标

通过本课程学习,学生能够达到下列要求:

（一）职业素质和态度目标

1. 具有良好的职业素质、职业道德观念和服务意识。

2. 具有实事求是、科学严谨的作风。

3. 具有初步观察、分析、解决问题的能力和逻辑思维能力。

4. 具有良好的心理素质和团队合作意识。

5. 具有创新意识和创造精神。

（二）专业知识目标

1. 具有熟练掌握常用检验仪器的工作原理、基本结构的能力。

2. 具有熟悉常用检验仪器的临床应用能力。

（三）专业技能目标

1. 具有规范使用与维护常用检验仪器设备的能力(与相关专业课结合完成)。

2. 具有判断检验仪器常见故障的能力。

三、教学时间分配

章节	内容	时数	备注
第一章	绪论	1	
第二章	常见实验室仪器	6	
第三章	光谱分析相关仪器	4	
第四章	血液分析相关仪器	5	
第五章	尿液检验相关仪器	2	
第六章	生物化学检验相关仪器	5	
第七章	免疫分析相关仪器	4	
第八章	微生物检验相关仪器	4	
第九章	细胞分子生物学技术相关仪器	2	
第十章	即时检测技术相关仪器	1	
第十一章	实验室自动化系统	1	
第十二章	拓展	1	
合计	十二章	36	

四、教学内容与要求

单元	教学内容	教学要求	教学时数
第一章　绪论	第一节　检验仪器与医学实验室 一、检验仪器在医学检验中的作用 二、检验仪器分类 三、检验仪器特点 第二节　常用检验仪器性能指标与维护 一、常用检验仪器性能指标 二、常用检验仪器维护 三、常用检验仪器选用 第三节　现代医学检验仪器展望	 熟悉 熟悉 掌握 掌握 了解 了解 了解	1
第二章　常见实验室仪器	第一节　显微镜 一、光学显微镜工作原理与基本结构 二、常用光学显微镜 三、光学显微镜使用与维护 四、光学显微镜常见故障及排除	 掌握 掌握 熟悉 熟悉	6

单元	教学内容	教学要求	教学时数
第二章 常见实验室仪器	第二节 移液器		
	一、移液器工作原理	掌握	
	二、移液器结构、性能与使用	掌握	
	三、移液器日常维护与常见故障排除	了解	
	第三节 离心机		
	一、离心机工作原理	掌握	
	二、离心机分类、结构与技术参数	掌握	
	三、常用离心方法	熟悉	
	四、离心机使用、维护与常见故障排除	了解	
	第四节 电热恒温水浴箱		
	一、电热恒温水浴箱工作原理	掌握	
	二、电热恒温水浴箱结构	了解	
	三、电热恒温水浴箱使用方法	掌握	
	四、电热恒温水浴箱日常维护与常见故障排除	了解	
	第五节 高压蒸汽灭菌器		
	一、高压蒸汽灭菌器工作原理	掌握	
	二、高压蒸汽灭菌器分类与结构	熟悉	
	三、高压蒸汽灭菌器使用方法	熟悉	
	四、高压蒸汽灭菌器日常维护与常见故障排除	了解	
	第六节 电热恒温干燥箱		
	一、电热鼓风恒温干燥箱工作原理	掌握	
	二、电热鼓风恒温干燥箱结构	熟悉	
	三、电热鼓风恒温干燥箱使用方法	熟悉	
	四、电热鼓风恒温干燥箱维护与常见故障排除	了解	
第三章 光谱分析相关仪器	第一节 光谱分析技术概述		4
	一、光谱分析技术基础理论	了解	
	二、光谱分析技术分类	熟悉	
	第二节 紫外－可见分光光度计		
	一、紫外－可见分光光度计工作原理	掌握	
	二、紫外－可见分光光度计基本结构	掌握	

单元	教学内容	教学要求	教学时数
第三章 光谱分析相关仪器	三、紫外－可见分光光度计影响因素	熟悉	
	四、紫外－可见分光光度计操作	了解	
	五、紫外－可见分光光度计性能指标与评价	了解	
	六、紫外－可见分光光度计维护与常见故障处理	了解	
	第三节 原子吸收分光光度计		
	一、原子吸收分光光度计工作原理	掌握	
	二、原子吸收分光光度计基本结构	掌握	
	三、原子吸收分光光度计性能指标与评价	熟悉	
	四、原子吸收分光光度计常见故障与处理	了解	
第四章 血液分析相关仪器	第一节 血液细胞分析仪		5
	一、血液细胞分析仪类型和特点	掌握	
	二、血液细胞分析仪检测原理	熟悉	
	三、血液细胞分析仪主要组成部分	了解	
	四、血液细胞分析仪工作过程	掌握	
	五、血液细胞分析仪操作	掌握	
	六、血液细胞分析仪评价	熟悉	
	七、血液细胞分析仪器维护与常见故障排除	了解	
	八、血液细胞分析仪进展与应用展望	了解	
	第二节 血液凝固分析仪		
	一、血凝仪类型及特点	掌握	
	二、血凝仪检测原理	掌握	
	三、血凝仪主要组成部分	熟悉	
	四、血凝仪常用检测项目及应用	了解	
	五、血凝仪性能指标与评价	熟悉	
	六、血凝仪操作与维护	熟悉	
	七、血凝仪临床进展	了解	
	第三节 血液流变学分析仪		
	一、血液流变学分析仪类型	掌握	
	二、血液流变学分析仪检测原理与主要结构	了解	
	三、血液流变学分析仪工作过程	熟悉	

单元	教学内容	教学要求	教学时数
第四章 血液分析相关仪器	四、血液流变学分析仪日常维护	掌握	
	五、血液流变学分析仪评价	掌握	
	六、血液流变学分析仪应用进展	熟悉	
	第四节 自动血沉分析仪		
	一、自动血沉分析仪类型、原理及结构	掌握	
	二、自动血沉分析仪操作	掌握	
	三、自动血沉分析仪维护	熟悉	
	四、自动血沉分析仪质量控制	了解	
	五、自动血沉分析仪常见故障及处理	了解	
	六、自动血沉分析仪性能指标及评价	熟悉	
	七、自动血沉分析仪进展	了解	
第五章 尿液检验相关仪器	第一节 尿液干化学分析仪		2
	一、尿液干化学分析仪工作原理	掌握	
	二、尿液干化学分析仪基本结构	掌握	
	三、尿液干化学分析仪使用、维护与保养	熟悉	
	四、尿液干化学分析仪常见故障与处理	了解	
	第二节 尿液有形成分分析仪		
	一、流式细胞术尿液有形成分分析仪	掌握	
	二、自动尿沉渣工作站	掌握	
	三、自动尿沉渣工作站临床应用	熟悉	
第六章 生物化学检验相关仪器	第一节 自动生化分析仪		5
	一、自动生化分析仪分类与工作原理	掌握	
	二、自动生化分析仪基本结构	掌握	
	三、自动生化分析仪性能指标与性能评价	掌握	
	四、自动生化分析仪使用与参数设置	了解	
	五、自动生化分析仪维护与常见故障及排除	熟悉	
	六、自动生化分析仪临床应用	熟悉	
	第二节 电泳仪		
	一、电泳基本原理及影响因素	了解	
	二、常用电泳仪基本结构与性能指标	掌握	

单元	教学内容	教学要求	教学时数
第六章　生物化学检验相关仪器	三、电泳仪使用与常见故障及排除方法	熟悉	
	四、电泳技术临床应用	掌握	
	第三节　血气分析仪		
	一、血气分析仪工作原理	掌握	
	二、血气分析仪基本结构	掌握	
	三、血气分析仪操作流程	了解	
	四、血气分析仪维护与常见故障排除	熟悉	
	第四节　电解质分析仪		
	一、电解质分析仪工作原理	熟悉	
	二、电解质分析仪基本结构	掌握	
	三、电解质分析仪操作流程	掌握	
	四、电解质分析仪维护与常见故障排除	了解	
第七章　免疫分析相关仪器	第一节　酶免疫分析仪		4
	一、酶免疫分析技术分类	了解	
	二、酶免疫分析仪工作原理	掌握	
	三、酶免疫分析仪基本结构	熟悉	
	四、酶免疫分析仪性能评价	熟悉	
	五、酶免疫分析仪使用、维护与常见故障处理	了解	
	第二节　化学发光免疫分析仪		
	一、化学发光免疫分析仪分类及特点	了解	
	二、化学发光免疫分析仪工作原理	掌握	
	三、化学发光免疫分析仪基本结构	熟悉	
	四、化学发光免疫分析仪性能评价	熟悉	
	五、化学发光免疫分析仪使用、维护与常见故障处理	了解	
	第三节　免疫浊度分析仪		
	一、免疫浊度分析技术分类	掌握	
	二、免疫浊度分析仪工作原理	掌握	
	三、免疫浊度分析仪基本结构	熟悉	

单元	教学内容	教学要求	教学时数
第七章　免疫分析相关仪器	四、免疫浊度分析仪性能评价	熟悉	
	五、免疫浊度分析仪使用、维护与常见故障处理	了解	
	第四节　放射免疫分析仪		
	一、放射免疫分析仪分类与特点	熟悉	
	二、放射免疫分析仪工作原理	掌握	
	三、放射免疫分析仪基本结构	熟悉	
	四、放射免疫分析仪性能特点	熟悉	
	五、放射免疫分析仪使用、维护与常见故障处理	了解	
第八章　微生物检验相关仪器	第一节　生物安全柜		4
	一、生物安全柜概述	了解	
	二、生物安全柜工作原理与分类	掌握	
	三、生物安全柜基本结构与功能	掌握	
	四、生物安全柜使用、日常维护与常见故障处理	了解	
	第二节　培养箱		
	一、培养箱类型	熟悉	
	二、电热恒温培养箱	掌握	
	三、二氧化碳培养箱	掌握	
	四、厌氧培养箱	掌握	
	第三节　自动血液培养仪		
	一、自动血液培养仪工作原理	掌握	
	二、自动血液培养仪基本组成与结构	掌握	
	三、自动血液培养仪性能与评价指标	熟悉	
	四、自动血液培养仪使用、维护与常见故障处理	了解	
	第四节　自动微生物鉴定和药敏分析系统		
	一、自动微生物鉴定和药敏分析系统工作原理	掌握	
	二、自动微生物鉴定和药敏分析系统基本结构	掌握	
	三、自动微生物鉴定和药敏分析系统性能评价	熟悉	
	四、自动微生物鉴定和药敏分析系统使用、维护与常见故障处理	了解	

单元	教学内容	教学要求	教学时数
第九章　细胞分子生物学技术相关仪器	第一节　流式细胞仪		2
	一、流式细胞仪概述	了解	
	二、流式细胞仪工作原理与基本结构	掌握	
	三、流式细胞仪信号检测与数据分析	掌握	
	四、流式细胞仪性能指标与评价	熟悉	
	五、流式细胞仪分析流程与技术要求	了解	
	六、流式细胞仪维护与常见故障处理	了解	
	七、流式细胞仪临床应用	了解	
	第二节　PCR 核酸扩增仪		
	一、PCR 技术原理	了解	
	二、PCR 核酸扩增仪工作原理	掌握	
	三、PCR 核酸扩增仪分类与结构	掌握	
	四、PCR 核酸扩增仪性能指标、使用、维护及常见故障处理	熟悉	
	五、PCR 核酸扩增仪临床应用	了解	
第十章　即时检测技术相关仪器	第一节　即时检测技术		1
	一、即时检测技术概念	了解	
	二、即时检测技术原理	掌握	
	三、即时检测技术分类	了解	
	第二节　即时检测技术常用仪器		
	一、多层涂膜技术相关 POCT 仪器	了解	
	二、免疫金标记技术相关 POCT 仪器	了解	
	三、免疫荧光测定技术相关 POCT 仪器	了解	
	四、生物传感器技术相关 POCT 仪器	了解	
	五、红外分光光度技术相关 POCT 仪器	了解	
	第三节　即时检测技术临床应用及面临的问题和对策		
	一、即时检测技术临床应用	了解	
	二、即时检测技术面临的问题和对策	了解	

单元	教学内容	教学要求	教学时数
第十一章 实验室自动化系统	第一节 实验室自动化系统		1
	一、实验室自动化系统基本概念	了解	
	二、实验室自动化系统分类	熟悉	
	第二节 实验室自动化系统结构与功能		
	一、标本传送系统	了解	
	二、标本处理系统	了解	
	三、自动化分析系统	了解	
	四、分析后输出系统	了解	
	五、分析测试过程控制系统	了解	
	第三节 实验室自动化系统工作原理		
	一、HIS、LIS、LAS 三者间通信流程	了解	
	二、条形码在自动化系统中的作用	熟悉	
	三、软件对 LAS 自动监控审核	了解	
	第四节 实验室自动化系统使用与维护		
	一、实验室自动化系统使用	了解	
	二、实验室自动化系统维护	了解	
	第五节 实现全实验室自动化系统的意义及需注意的问题		
	一、实现全实验室自动化系统的意义	了解	
	二、实验室自动化系统需注意的问题	了解	
第十二章 拓展	第一节 全自动DNA测序仪		1
	一、全自动DNA测序仪检测原理	熟悉	
	二、全自动DNA测序仪结构与功能	了解	
	三、全自动DNA测序仪使用、维护与常见故障判断	了解	
	四、全自动DNA测序仪临床应用	了解	
	第二节 全自动蛋白质测序仪		
	一、全自动蛋白质测序仪工作原理	熟悉	
	二、全自动蛋白质测序仪结构与功能	了解	
	三、全自动蛋白质测序仪使用、维护与常见故障判断	了解	
	四、全自动蛋白质测序仪临床应用	了解	

单元	教学内容	教学要求	教学时数
第十二章　拓展	第三节　基因芯片检测系统		
	一、基因芯片原理	熟悉	
	二、基因芯片检测系统结构与功能	了解	
	三、基因芯片检测系统使用、维护与常见故障判断	了解	
	四、基因芯片检测系统临床应用	了解	
	第四节　色谱仪		
	一、色谱仪分类与基本结构	熟悉	
	二、色谱仪工作原理	了解	
	三、色谱仪使用与维护及常见故障判断	了解	
	四、色谱仪临床应用	了解	
	第五节　质谱仪		
	一、质谱仪分类与基本结构	熟悉	
	二、质谱仪工作原理	了解	
	三、质谱仪使用与维护及常见故障判断	了解	
	四、质谱仪临床应用	了解	

五、说明

（一）适用对象与参考学时

本课程适用于中职医学检验技术专业教学使用,总学时为 36 学时。由于各学校检验仪器实训条件不同,各省市购买仪器渠道不同,各学校可以根据自己实验室条件,以及各专业课开设条件不同,根据培养目标、专业知识需求、各地区职业技能需求不同,参照国家标准调整具体仪器教学内容。

（二）教学要求与教学安排

本课程教学目标分为知识目标、能力目标和素质目标三个方面,包括掌握、熟悉、了解三个层次。掌握是指要求学生对所学内容能够熟练应用,如检验仪器的工作原理、基本组成和结构。熟悉是指要求学生对所学内容基本掌握,如仪器基本操作流程、仪器性能指标等。了解是指要求学生对所学知识点能够理解和记忆,如检验仪器维护和常见故障处理、了解检验仪器的临床应用。

课程建议安排在专业课开设的前提下(第三学期或第四学期)。本课程重点介绍检验仪器测定原理、仪器结构与分类、仪器性能评价指标及仪器维护与简单故障的排除。

（三）教学建议

1. 本课程宗旨是为使用医学检验仪器打下基础,教学内容与其他各相关专业课程有一定的交叉。各种仪器型号不同,使用方法也不同,从各种检验仪器的测定原理、仪器构造、性能指标、仪器维护与常见故障处理方面入手,使学生对检验仪器有一定的认知。

    2. 本次修订过程中,适当删减一些纯理论性内容和不符合中职检验技术专业学生学习的内容,加入一些先进的医用检验仪器设备,旨在开阔学生视野,为今后深入学习打下基础。

    3. 教师在教学中应注意将检验仪器设备的基本理论、基本知识和基本技能与专业实践相结合,理论联系实际,由浅入深,循序渐进,激发学生学习兴趣,调动学生积极主动学习的热情,鼓励学生创新思维,引导学生综合运用所学知识。

参 考 文 献

[1] 曾照芳,贺志安.临床检验仪器学[M].2版.北京:人民卫生出版社,2012.

[2] 须建,张柏梁.医学检验仪器与应用[M].武汉:华中科技大学出版社,2012.

[3] 滕文峰.检验仪器分析技术[M].北京:人民军医出版社,2012.

[4] 王迅.检验仪器使用与维修[M].北京:人民卫生出版社,2016.

[5] 邸刚,朱根娣.医用仪器应用与维护[M].北京:人民卫生出版社,2011.

[6] 段满乐.生物化学检验[M].北京:人民卫生出版社,2013.

[7] 府伟灵,徐克前.临床生物化学检验[M].5版.北京:人民卫生出版社,2014.

[8] 吴佳学,彭裕红.临床检验仪器[M].3版.北京:人民卫生出版社,2019.

[9] 樊绮诗,钱士匀.临床检验仪器与技术[M].3版.北京:人民卫生出版社,2015.